Mona El-Banna

Os factores ambientais como principais contribuintes para as doenças neurológicas

Mona El-Banna

Os factores ambientais como principais contribuintes para as doenças neurológicas

ScienciaScripts

Cover image: www.ingimage.com

This book is a translation from the original published under ISBN 978-620-6-77540-9.

Publisher:
Sciencia Scripts
is a trademark of
Dodo Books Indian Ocean Ltd. and OmniScriptum S.R.L publishing group

120 High Road, East Finchley, London, N2 9ED, United Kingdom
Str. Armeneasca 28/1, office 1, Chisinau MD-2012, Republic of Moldova, Europe
Printed at: see last page
ISBN: 978-620-8-32055-3

Índice

Lista de abreviaturas

Word	Abbreviation
Alzheimer's disease	AD
Amyloid-B	Aβ
Neurofibrillary tangles	NFTs
Central nervous system	CNS
Particulate matter	PM
Blood-brain barrier	BBB
Parkinson's disease	PD
Diesel exhaust particles	DEPs
Ultrafine particles	UFPs
Lipopolysaccharides	LPS
Nanoparticles	NPs
Mitogen-activated protein kinase	MAPK
Reactive oxygen species	ROS
Ambient air particles	CAPs
Tumor necrosis factor	TNF -α
Interleukin	IL -1β
Interferon	IFN -γ
Hexahydro-1,3,5-trinitro-1,3,5-triazine	RDX
Engineered nanoparticles	ENPs
Nanomaterials	NMs
Ozone	O3
Nitrogen oxides	NOx
Sulfur dioxide	SO2
Carbon monoxide	CO
Nitrogen dioxide	NO2
Polyethylene	PE
Polypropylene	PP
Polystyrene	PS
Polyvinyl chloride	PVC
Polyamide	PA
Polyethylene terephthalate	PET
Micro- and nanoplastics	MNPs
Polystyrene nanoparticles	PS-NPs
Microplastics	MPs

Rat basophilic leukemia	RBL-2H3
Catalase	CAT
Glutathione peroxidase	GPx
Glutathione reductase	GR
Reduced glutathione	GSH
Malondialdehyde	MDA
Lipid peroxidation	LPO
Superoxide dismutase	SOD
Glutathione s-transferase	GST
Acetylcholinesterase	AChE
Acetylcholine	Ach
Serotonin	5-HT
Response element-binding protein	CREB
Brain-derived neurotrophic factor	BDNF
Epigallocatechin-3-gallate	EGCG
Iron	Fe
Copper	Cu
Zinc	Zn
Manganese	Mn
Mercury	Hg
Lead	Pb
Dopamine	DA
Dopamine receptor D2	DRD2
Tyrosine hydroxylase	TH
Vesicular monoamine transporter 2	VMAT2
3,4-dihydroxyphenylacetic acid	DOPAC
Homovanillic acid	HVA
Glycogen synthase kinase-3 beta	GSK-3β
A-Synuclein	ASyn
Peroxisome proliferator-activated receptor gamma coactivator 1-alpha	PGC-1α
Nuclear factor erythroid 2-related factor 2	NRF2
Nuclear factor kappa	NF-κB
1-methyl-4-phenyl-1,2,3,6-tetrahydropyridine	MPTP
5-hydroxytryptamine	5-HT
Prolyl hydroxylase	PHD
Hypoxia-inducible factor 1-alpha	HIF-1α
Double-strand breaks	DSBs

Experimental autoimmune encephalomyelitis	EAE
Peripheral nervous system	**PNS**
Docosahexaenoic acid	DHA
S-adenosylmethionine	SAMe
Eicosapentaenoic acid	EPA
Attention deficit hyperactivity disorder	ADHD
Reactive nitrogen species	RNS
Vitamin E	**Tocopherol**
Organophosphates	Ops
Type 2 diabetes mellitus	T2DM
Genome-wide association studies	GWAS
Amyotrophic lateral sclerosis	ALS

Os factores ambientais como principais contribuintes para as doenças neurológicas

Resumo

A neurodegeneração envolve a perda gradual de componentes estruturais e funcionais dos neurónios, conduzindo a perturbações neurológicas graves que têm um impacto significativo na saúde física e mental. Estudos recentes sublinham a preocupação global com as doenças neurodegenerativas, que estão intimamente ligadas a factores ambientais. Os principais factores que contribuem para estas perturbações incluem a exposição pré-natal e pós-natal a toxinas industriais, em especial metais neurotóxicos como o chumbo, o alumínio, o mercúrio, o manganês, o cádmio e o arsénico, juntamente com pesticidas e nanopartículas à base de metais. Estes contaminantes podem levar à formação de placas senis ou amilóides e emaranhados neurofibrilares (NFTs), que são caraterísticos destas doenças. Além disso, a exposição a solventes é reconhecida como um fator de risco significativo.

Introdução

O sistema nervoso central (SNC), que inclui o cérebro e a espinal medula, desempenha um papel crucial no controlo das funções corporais e do comportamento. No entanto, é altamente vulnerável a factores ambientais que podem perturbar o seu funcionamento normal e contribuir para o desenvolvimento de várias perturbações neurológicas. Várias influências ambientais, como a poluição atmosférica, a exposição a toxinas, uma dieta pobre, o stress crónico e hábitos de vida pouco saudáveis, têm sido associadas à disfunção do SNC figura 1. Estes factores não só estão associados ao aparecimento de doenças neurológicas, como também contribuem para a sua progressão e gravidade, o que os torna uma área de preocupação significativa para a saúde pública.

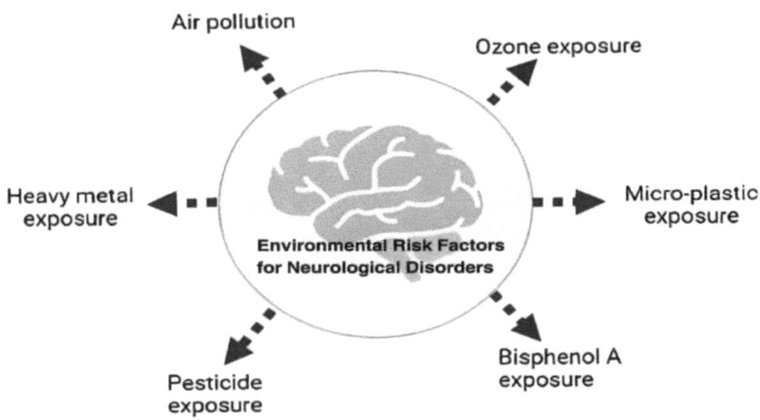

Figura 1. Factores ambientais que podem perturbar o SNC (Suresh, Singh S et al. 2023).

Efeito da poluição atmosférica no sistema nervoso central

A poluição atmosférica é uma das principais catástrofes ambientais a nível mundial, caracterizada por uma mistura de substâncias químicas nocivas e materiais biológicos presentes no ar que podem ter um impacto negativo na saúde humana e noutros organismos vivos. Trata-se de uma preocupação significativa em termos de saúde pública a nível mundial, uma vez que milhões de pessoas estão expostas a níveis de poluição superiores aos limites de segurança. A poluição atmosférica, particularmente a proveniente do tráfego, tem sido associada a um aumento do número de hospitalizações, doenças cardiopulmonares e cancro do pulmão. As emissões dos processos de combustão libertam partículas (PM) no ar, sendo as PM2,5 e PM10 os tipos mais nocivos. Estas partículas podem causar danos genéticos e até afetar embriões e fetos. As PM, especialmente as partículas finas como as PM2,5, podem persistir no ar durante longos períodos e percorrer grandes distâncias, contribuindo para uma exposição generalizada e para os danos ambientais (Cipriani, Danti et al. 2018).

A poluição atmosférica está cada vez mais ligada a danos no SNC através de mecanismos diretos e indirectos. As partículas nanométricas da poluição podem entrar no cérebro por inalação, potencialmente atravessando a barreira hemato-encefálica (BBB) através de difusão passiva ou transporte ativo (Genc, Zadeoglulari et al. 2012). As partículas inaladas também podem atingir o cérebro através do nervo olfativo ou do nervo trigémeo. Os danos no SNC estão frequentemente associados a inflamação sistémica, em que as citocinas inflamatórias desencadeadas por poluentes no sistema respiratório viajam até ao cérebro. Isto pode ativar respostas imunitárias cerebrais, conduzindo à neuroinflamação e à rutura da BHE (Elder, Gelein et al. 2006).

A neuroinflamação pode ser tanto protetora como prejudicial; quando prolongada, pode causar danos neuronais, neurodegeneração e declínio cognitivo. Foi demonstrado que a exposição crónica a partículas, especialmente PM2.5, causa stress oxidativo no cérebro, uma condição em que as elevadas necessidades energéticas do cérebro e os baixos níveis de antioxidantes o tornam vulnerável. Este dano oxidativo está fortemente ligado a doenças neurodegenerativas como a doença de Alzheimer e a demência vascular (Calderón-Garciduenãs, Solt et al. 2008).

Os estudos mostram que a exposição a longo prazo à poluição atmosférica também está associada a volumes cerebrais mais pequenos e a um risco acrescido de enfartes cerebrais encobertos, que estão ligados a deficiências cognitivas e demência. De um modo geral, os dados sugerem que a poluição atmosférica apresenta riscos significativos para a saúde do cérebro, particularmente em zonas urbanas com níveis elevados de poluição por partículas (Vermeer, Longstreth et al. 2007).

Estudos epidemiológicos e observacionais sugerem que a exposição crónica a poluentes atmosféricos desde uma idade precoce pode contribuir para doenças neurodegenerativas, como a doença de Alzheimer (DA). Neuropatologicamente, a doença de Alzheimer caracteriza-se pela acumulação de placas beta-amilóides (Ab) e de NFTs , compostas principalmente por proteína tau hiperfosforilada em regiões cerebrais vulneráveis. A deposição de peptídeos Ab, que precede a formação de placas, é acelerada pela poluição atmosférica, levando à disfunção neuronal e eventual neurodegeneração (Sperling, Aisen et al. 2011).

A investigação indica que a poluição atmosférica acelera a acumulação de Ab-42, contribuindo para os danos neuronais observados na doença de Alzheimer. Num estudo de amostras de cérebros de indivíduos de cidades mexicanas altamente poluídas, em comparação com os de áreas menos poluídas, foram observados níveis mais elevados de Ab42 e tau hiperfosforilada nos cérebros dos indivíduos expostos a poluição grave (Calderón-Garciduenãs, Solt et al. 2008). Estes resultados sugerem uma ligação entre o stress oxidativo, a neuroinflamação e a neurodegeneração devido à exposição prolongada à poluição atmosférica.

Estudos anteriores em animais, como cães que vivem em zonas urbanas, revelaram pela primeira vez ligações entre a poluição atmosférica e as doenças neurodegenerativas, e estudos subsequentes em seres humanos confirmaram a existência de patologia semelhante à DA e à doença de Parkinson (DP) em pessoas que vivem em zonas altamente poluídas. Estes resultados realçam o papel da exposição crónica à poluição atmosférica na aceleração dos processos neurodegenerativos (Calderón-Garcidueñas, Azzarelli et al. 2002).

- Componentes da poluição atmosférica

A poluição atmosférica consiste numa variedade de substâncias nocivas, incluindo PM , gases (como ozono troposférico, monóxido de carbono, óxidos de enxofre e óxidos de azoto), compostos orgânicos (como hidrocarbonetos aromáticos policíclicos e endotoxinas bacterianas) e metais tóxicos (incluindo vanádio, chumbo, níquel, cobre e manganês) (Craig, Brook et al. 2008). Estes poluentes estão presentes tanto em ambientes exteriores como interiores. Entre eles, o PM e o ozono troposférico, que se formam principalmente a partir de óxidos de azoto e compostos orgânicos voláteis, são considerados os poluentes mais perigosos e generalizados. O PM, uma mistura de partículas sólidas e gotículas líquidas, é particularmente relevante por causar danos no sistema nervoso, embora alguns dos seus componentes, como o cloreto de sódio, sejam geralmente inofensivos (Block e Calderón-Garcidueñas 2009).

As partículas são classificadas com base no seu tamanho e propriedades aerodinâmicas, que estão intimamente ligadas aos seus efeitos biológicos. Apenas as partículas com menos de 10 micrómetros (µm) de diâmetro conseguem penetrar profundamente nos pulmões, enquanto as partículas maiores tendem a ficar retidas nas vias respiratórias superiores. As PM são classificadas em três tipos principais: partículas grossas (PMio), que variam de 2,5 a 10 µm de diâmetro; partículas finas (PM2,5), que são menores que 2,5 µm; e partículas ultrafinas (UFPs), ou nanopartículas (NPs), que têm menos de 0,1 µm de diâmetro (Craig, Brook et al. 2008).

As partículas PM são geradas a partir de várias fontes, sendo que as PMio provêm principalmente do pó das estradas e da agricultura, do desgaste dos pneus, da combustão da madeira, da construção e da exploração mineira. As partículas PM2.5 são produzidas por refinarias de petróleo, processamento de metais, emissões de veículos, centrais eléctricas e incêndios florestais, e formam-se durante a combustão e os processos industriais (Craig, Brook et al. 2008). As PM2,5 são constituídas por compostos orgânicos e inorgânicos, incluindo sulfatos, nitratos, metais e água, sendo as partículas de escape de gasóleo (DEP) um dos principais componentes (Block e Calderón-Garcidueñas 2009). As partículas ultrafinas (UFP), mais pequenas do que as PM2,5, são em grande parte produzidas por motores de combustão, centrais eléctricas e incineradores, e transportam compostos nocivos como hidrocarbonetos aromáticos policíclicos e metais. Os UFPs são particularmente perigosos devido à sua capacidade de inibir as respostas imunitárias e causar inflamação. Podem penetrar profundamente nos pulmões, entrar na corrente sanguínea e espalhar-se por todo o corpo. As UFPs são também mais numerosas, com uma área de superfície maior e maior toxicidade em comparação com as PMs maiores, apesar da sua menor massa. A sua concentração tem sido diretamente associada a um aumento da mortalidade (De Hartog, Hoek et al. 2003).

- Translocação dos poluentes atmosféricos para o SNC

A exposição a níveis significativos de UFPs , PM e lipopolissacáridos (LPS) transportados pelo ar pode levar à sua translocação para o SNC, onde podem causar neuropatologia através de várias vias. Estes poluentes podem entrar no SNC direta ou indiretamente, desencadeando a libertação de mediadores inflamatórios dos órgãos de entrada primários, como os pulmões. Esta inflamação sistémica pode aumentar o risco de neuroinflamação e neurodegeneração figura 2 (Furuyama, Kanno et al. 2009).

Uma vez inaladas, as partículas finas ou nanopartículas (NPs) podem atravessar a barreira alvéolo-capilar nos pulmões e entrar no sistema circulatório. A sua capacidade para o fazer depende de factores como a dimensão das partículas, a carga, a composição química e a tendência para formar agregados. Embora os estudos em animais tenham demonstrado que as NPs podem atravessar esta barreira e atingir órgãos secundários, incluindo o cérebro, continua a ser mais difícil demonstrar este mecanismo nos seres humanos (Nemmar, Hoet et al. 2002).

As NPs que entram no sistema circulatório podem ter impacto nas células endoteliais vasculares, causando stress oxidativo local e efeitos pró-inflamatórios. A inflamação no trato respiratório devido à exposição crónica a poluentes leva à produção de citocinas como o TNF-α, a IL-6 e a IL-1β, que podem afetar o cérebro ao perturbar a BHE. Esta perturbação permite que as células inflamatórias, como os monócitos e a microglia activada, se infiltrem no cérebro, causando potencialmente neuroinflamação e lesões cerebrais, particularmente no córtex pré-frontal (Cunningham, Campion et al. 2009).

Os LPS de poluentes transportados pelo ar também podem induzir a neuroinflamação através da ativação do sistema imunitário inato do cérebro. Embora os LPS em circulação tenham normalmente um acesso limitado ao cérebro devido à BHE, podem influenciar as células imunitárias periféricas e afetar estruturas cerebrais sem BHE, como os órgãos circunventriculares, permitindo a entrada de agentes nocivos no cérebro. Isto pode exacerbar doenças como a doença de Parkinson, contribuindo para a perda de neurónios dopaminérgicos através de mecanismos de neuroinflamação (Tufekci, Genc et al. 2011).

As UFP podem penetrar facilmente nas membranas celulares devido à sua grande relação superfície/volume, o que lhes permite atravessar barreiras nos pulmões e no cérebro. Esta capacidade explica por que razão as PM podem ser encontradas no interior dos neurónios e dos eritrócitos (Valavanidis, Fiotakis et al. 2008). As UFPs podem entrar no sistema nervoso diretamente através da mucosa olfactiva, contornando o sistema circulatório. As partículas inaladas podem interagir com os neurónios receptores olfactivos e viajar ao longo dos axónios para atingir regiões do cérebro como o córtex olfativo, a amígdala e o hipotálamo. Estudos realizados em seres humanos e animais confirmaram a presença de UFPs no bulbo olfativo e nos gânglios do trigémeo, demonstrando que a via nasal é uma via fundamental para a entrada de poluentes no SNC (Illum 2004).

Além disso, as UFPs podem atingir o SNC através de transporte retrógrado e anterógrado através de fibras nervosas sensoriais nos epitélios das vias aéreas. A exposição crónica pode levar à acumulação de UFPs no cérebro, mas os mecanismos de eliminação destas partículas permanecem pouco claros. Pensa-se que a circulação do líquido cefalorraquidiano (LCR) pode desempenhar um papel na remoção das NPs do cérebro, embora seja necessária mais investigação para compreender estas vias (Segal 2000).

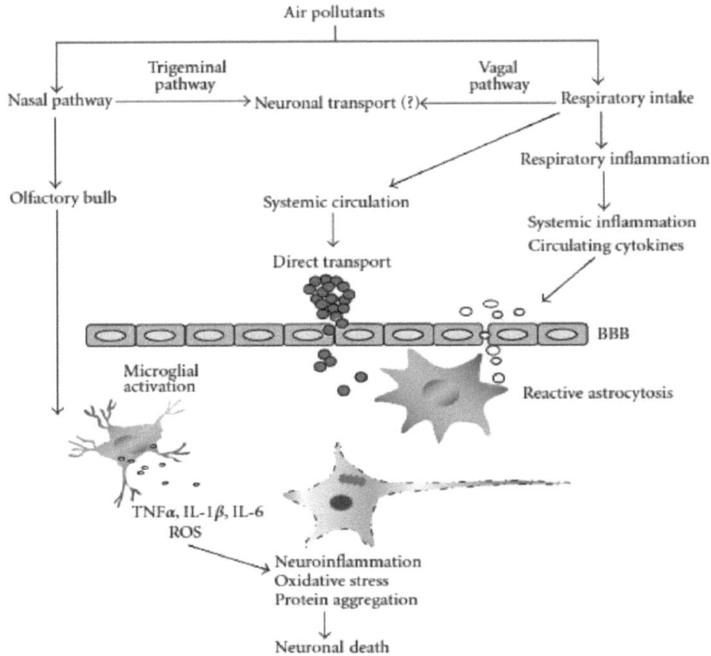

Figura 2: O impacto da poluição atmosférica no cérebro (Genc, Zadeoglulari et al. 2012).

- Poluição atmosférica e doenças neurológicas

Estudos in vitro investigaram os efeitos tóxicos dos poluentes atmosféricos, analisando alterações na viabilidade celular, apoptose, disfunção mitocondrial, produção de espécies reactivas de oxigénio (ROS) e níveis de citocinas pró-inflamatórias em vários sistemas de cultura de células. As linhas de células neuronais e microgliais, bem como as culturas primárias, foram particularmente afectadas por partículas concentradas do ar ambiente (CAP), DEP, ozono e elementos tóxicos como o manganês, revelando a sua suscetibilidade a estes poluentes. Verificou-se que os mecanismos de toxicidade são complexos, com as DEP a causarem efeitos neurotóxicos direta ou indiretamente através de mediadores inflamatórios libertados por células microgliais activadas.

A microglia funciona como a primeira linha de defesa no SNC, eliminando placas necróticas e agentes infecciosos. No entanto, a ativação excessiva da micróglia pode resultar na libertação de factores neurotóxicos, como o fator de necrose tumoral (TNF)-α, a interleucina (IL)-1 β, o interferão (IFN)-γ e as ERO. Esta ativação descontrolada está associada à neurodegeneração e à progressão da DA (Fu, Kuang et al. 2022).

A exposição a poluentes atmosféricos pode alterar significativamente a expressão de microRNA, que desempenha um papel crucial na regulação pós-transcricional dos genes (Jardim 2011). Por exemplo, foi demonstrado que o hexahidro-1,3,5-trinitro-1,3,5-triazina (RDX), um contaminante ambiental comum, afecta os perfis de microRNA do cérebro de ratinhos expostos. A prevalência crescente de nanopartículas artificiais (ENPs) e nanomateriais (NMs) na vida quotidiana também suscita preocupações quanto ao seu potencial neurotóxico, uma vez que estudos preliminares indicam que estes materiais podem desencadear respostas biológicas adversas, apesar de, até à data, não terem sido atribuídas a eles quaisquer doenças humanas diretas. Estudos in vitro demonstraram que substâncias como o dióxido de titânio e a sílica nanosizada podem diminuir a viabilidade celular e aumentar a apoptose em culturas de células neuronais e endoteliais, ao mesmo tempo que elevam os níveis de ROS, que activam a microglia. É essencial caraterizar com precisão o tamanho das partículas e as propriedades físico-químicas, uma vez que estes factores podem influenciar os resultados da toxicidade. Embora os estudos in vitro ofereçam vantagens como a relação custo-eficácia e o rápido crescimento das células cultivadas, muitas vezes dependem de linhas celulares imortalizadas que podem não reproduzir totalmente a complexidade das respostas nativas do SNC. As culturas a longo prazo de células primárias do SNC constituem um desafio, mas o desenvolvimento de células estaminais pluripotentes induzidas pode constituir uma alternativa promissora para os estudos de neurotoxicidade humana. No entanto, os métodos in vitro têm limitações, incluindo a utilização de doses ultrafisiológicas de poluentes, que podem não refletir a exposição no mundo real, salientando a necessidade de estudos in vivo para confirmar os resultados e explorar a biodistribuição, a biocinética e os efeitos fisiopatológicos dos poluentes atmosféricos. Os estudos in vivo são essenciais para examinar os efeitos neurocomportamentais, permitindo vias e condições de exposição realistas, bem como para testar estratégias neuroprotectoras. Embora estes estudos tenham fornecido informações valiosas sobre os efeitos neurotóxicos da poluição atmosférica, os factores de confusão como o sexo, a idade e a estirpe devem ser cuidadosamente considerados para garantir comparações precisas entre as investigações (Genc, Zadeoglulari et al. 2012).

O ozono (O3) forma-se através da divisão das moléculas de oxigénio pelos raios ultravioleta, enquanto o O3 de superfície é um poluente secundário formado a partir de óxidos de azoto (NOx) e compostos orgânicos voláteis devido às actividades humanas (Abdelhafiz e Sinclair 2015). O O3 é um oxidante potente que pode causar danos nos nervos ao induzir radicais livres, citocinas inflamatórias e ao comprometer a BHE. Há estudos que associam a exposição ao O3 a doenças neurodegenerativas, incluindo a doença de Alzheimer, como se verificou numa coorte taiwanesa em que o aumento dos níveis de O3 aumentou o risco de doença de Alzheimer. Outros estudos correlacionam a exposição prolongada ao O3 com deficiências cognitivas e neurodegenerescência relacionada com o stress oxidativo, tanto em estudos com humanos como com animais. Apesar disso, alguns resultados sugerem que o O3 pode ter efeitos neuroprotectores na cognição em determinados contextos (Solleiro-Villavicencio, Hernández-Orozco et al. 2021).

O dióxido de enxofre (SO2), libertado principalmente pela queima de combustíveis que contêm enxofre, está também associado ao declínio cognitivo e à doença de Alzheimer. Estudos demonstram que uma exposição elevada ao SO2 acelera a deterioração cognitiva em doentes com DA e afecta negativamente funções neurocognitivas como a memória e a linguagem (Chen, Wang et al. 2021). Estudos realizados em animais demonstram que a exposição ao SO2 pode conduzir a disfunções sinápticas e a deficiências cognitivas, potencialmente através das vias de sinalização da proteína quinase. Além disso, a exposição combinada a poluentes como o SO2 e as PM2.5 agrava os problemas cognitivos ao induzir o stress oxidativo e a expressão de genes relacionados com a apoptose. No entanto, alguns estudos sugerem que o SO2 pode ter um efeito protetor contra lesões cerebrais em determinadas condições, aumentando a capacidade antioxidante do hipocampo (Yang, Chen et al. 2017).

O monóxido de carbono (CO) é um poluente atmosférico insípido, incolor e insolúvel em água, sendo cerca de 60% das suas emissões anuais provenientes de actividades humanas, principalmente da combustão incompleta de materiais de carbono, como os provenientes de veículos, da incineração de resíduos e de centrais eléctricas a carvão. O CO liga-se à hemoglobina com uma afinidade 200 vezes maior do que o oxigénio, reduzindo o fornecimento de oxigénio aos tecidos, incluindo o cérebro, o que pode levar a danos por hipóxia e a um défice cognitivo (Rose, Wang et al. 2017).

A exposição ao CO tem sido associada a um risco acrescido de demência. Estudos efectuados em Taiwan mostram que os indivíduos expostos a níveis elevados de CO têm uma maior probabilidade de desenvolver demência e apresentam capacidades cognitivas mais fracas, incluindo a atenção e a função executiva. O envenenamento crónico por CO pode resultar em danos microestruturais no cérebro, como confirmado por imagens de tensor de difusão, afectando particularmente áreas como o corpo caloso. Além disso, o tabagismo, uma fonte significativa de exposição ao CO, tem sido associado ao declínio cognitivo, mesmo em indivíduos sem doença cardiovascular, sugerindo o papel do CO na neurodegeneração. Nalguns casos, a cessação da exposição ao CO conduziu a uma recuperação cognitiva parcial, salientando o potencial de reversibilidade do défice cognitivo induzido pelo CO (Nakamura, Setsu et al. 2016).

O dióxido de azoto (NO2), uma das principais formas de NOx , é um dos principais poluentes atmosféricos emitidos pelas actividades humanas, industriais e sociais, que ascende a 52 milhões de toneladas por ano. O NO2 entra no corpo através do sistema respiratório, danificando inicialmente os pulmões antes de entrar na corrente sanguínea e afetar vários tecidos, incluindo o cérebro. O cérebro, que é fundamental para a aprendizagem, a memória e a função cognitiva, é particularmente vulnerável a danos relacionados com o NO2 (Chen, Kwong et al. 2017).

Além disso, a exposição ao NO2 contribui para o stress oxidativo, um fator-chave no desenvolvimento de doenças neurodegenerativas como a doença de Alzheimer, em que a inalação de NO2 leva à acumulação de beta-amiloide, a deficiências sinápticas e a défices cognitivos típicos da doença de Alzheimer Fiure 3 (Moulton e Yang 2012).

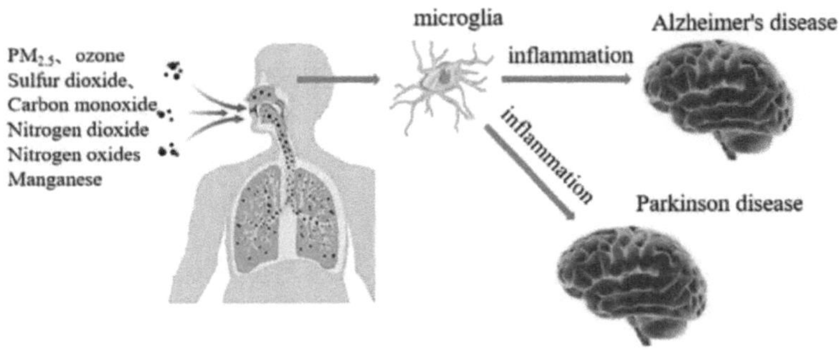

Figura 3. Neuroinflamação induzida pela poluição atmosférica e o seu papel na doença de Alzheimer e na doença de Parkinson (Fu, Kuang et al. 2022).

Efeito dos micro e nanoplásticos no sistema nervoso central

Os plásticos desempenham um papel vital na nossa vida quotidiana devido ao seu baixo custo e às suas propriedades físico-químicas benéficas, tendo a produção mundial ultrapassado 360 milhões de toneladas em 2018 e prevendo-se que triplique até 2050 (Baran 2020). No entanto, a reciclagem e a gestão inadequadas dos resíduos de plástico conduziram a um aumento acentuado da poluição plástica. Os micro e nanoplásticos (MNPs) são partículas minúsculas geradas a partir de resíduos de plástico que se encontram disseminadas em sistemas marinhos e de água doce, na atmosfera, nos alimentos e até nos órgãos humanos (Zheng, Xu et al. 2024).

Os MNP foram detectados em vários organismos, incluindo zooplâncton, peixes e seres humanos, e acumulam-se nos tecidos e órgãos, podendo causar danos. A exposição humana ocorre através de alimentos, água, ar e até produtos de higiene pessoal contaminados. Embora a extensão total dos riscos dos MNP para a saúde seja ainda debatida, o seu papel como transportadores de substâncias tóxicas, como metais pesados e microrganismos nocivos, é preocupante. A investigação mostra que os MNP podem também ter impacto no SNC, com provas de estudos em animais como peixes e ratos, embora seja necessária mais investigação para compreender plenamente os seus efeitos nos seres humanos (Zheng, Xu et al. 2024).

Os actuais métodos de gestão de resíduos plásticos, como os aterros e a incineração, são prejudiciais para o ambiente. Apesar da sua durabilidade, os plásticos degradam-se ao longo do tempo devido a factores como a radiação UV e a abrasão mecânica, contribuindo para a formação de MNPs (Prüst, Meijer et al. 2020).

Os plásticos são compostos por vários polímeros, como o polietileno (PE), o polipropileno (PP), o poliestireno (PS), o cloreto de polivinilo (PVC), a poliamida (PA) e o politereftalato de etileno (PET), juntamente com aditivos como estabilizadores, retardadores de chama, plastificantes, cargas e pigmentos. Os micro e nanoplásticos (MNPs) são classificados em dois tipos: primários e secundários (Alimba e Faggio 2019).

As MNP primárias, que são partículas que variam entre 0,1 µm e 5 mm, são intencionalmente fabricadas em tamanhos pequenos para utilização em produtos como tintas, cosméticos, tecidos, esfoliantes faciais e detergentes. Estes são uma fonte direta de poluição plástica. Os MNP secundários, por outro lado, são formados através da decomposição de objectos de plástico de maiores dimensões, como embalagens, espumas, redes de pesca e pneus, devido a factores ambientais como a luz solar e a fricção. Ambos os tipos de MNPs são poluentes ambientais significativos, levando a uma investigação contínua centrada na compreensão das suas fontes, impactos ecológicos e estratégias para mitigar os seus danos (Karbalaei, Hanachi et al. 2018).

- Impacto das MNPs na barreira hemato-encefálica

As MNPs penetram na BHE através de vários mecanismos: (1) rompendo as junções estreitas entre as células endoteliais, (2) desencadeando a libertação de citocinas que danificam estas células e (3) internalizando-as nas células. Estudos realizados em ratinhos expostos a nanopartículas de poliestireno (PS-NPs) revelaram uma redução da expressão de proteínas-chave das junções estreitas (Claudin-1, Occludin, ZO-1) nas células endoteliais do cérebro, que desempenham um papel crucial na manutenção da integridade da BHE (Li, Chen et al. 2024). A investigação in vitro sobre células endoteliais do cérebro humano (hCMEC/D3) revelou que as MNP induzem a produção de ROS, a ativação do NF-κB, a secreção de TNF-α e a necroptose celular, aumentando, em última análise, a permeabilidade da BHE (Shan, Zhang et al. 2022).

As MNP podem entrar nas células através de três vias: (1) endocitose (mediada pela clatrina, mediada pela caveolina, macropinocitose e fagocitose), (2) formação de uma coroa biomolecular (um revestimento de proteínas ou lípidos na partícula) e (3) penetração direta através das membranas celulares sem uma coroa. A investigação também sugere que o colesterol aumenta a absorção de MNP na BHE, enquanto as proteínas a podem inibir. Além disso, alguns estudos concluíram que as PS-NPs podem penetrar diretamente nas bicamadas lipídicas sem necessitarem de uma coroa (Ma, Xu et al. 2024).

Depois de atravessar a BHE, a absorção de microplásticos (MPs) e nanoplásticos (NPs) pelas células cerebrais difere devido ao seu tamanho. Os MP maiores têm menos probabilidades de serem internalizados pelos neurónios ou pelas células gliais e tendem a acumular-se na matriz intercelular, mas os MP mais pequenos (0,2-2 μm) podem ser fagocitados por células como a microglia. As NPs, sendo muito mais pequenas, são mais facilmente internalizadas pelos neurónios e pelas células gliais, com a microglia a mostrar uma maior preferência pela captação do que os neurónios ou os astrócitos, possivelmente porque as células microgliais são capazes de engolir partículas mais pequenas do que elas próprias. A acumulação de NP nos neurónios e astrócitos também aumenta com concentrações mais elevadas, embora os mecanismos moleculares exactos não sejam totalmente compreendidos (Kwon, Kim et al. 2022).

Uma vez no interior das células, as MNP podem ser libertadas através de mecanismos como a exocitose dependente de energia ou a penetração da membrana independente de energia, tal como observado em estudos sobre a linha celular de leucemia basofílica do rato (RBL-2H3). No entanto, os mecanismos de libertação de MNP dos neurónios permanecem pouco claros.

A exposição a MNPs está associada a um aumento da inflamação no SNC e a uma maior produção de ROS nas células neuronais. Estas alterações podem levar à secreção de citocinas pró-inflamatórias e de metaloproteases da matriz, contribuindo para a disfunção da BHE. O comprometimento da BHE pode resultar na fuga de moléculas transportadas pelo sangue para o SNC ou na migração de células inflamatórias para o cérebro, ambos factores de risco para doenças neurológicas. Assim, a exposição a MNP pode danificar a integridade da BHE e prejudicar as funções neurais normais, aumentando o risco de infecções e outros problemas do SNC Figura 4 (Zheng, Xu et al. 2024).

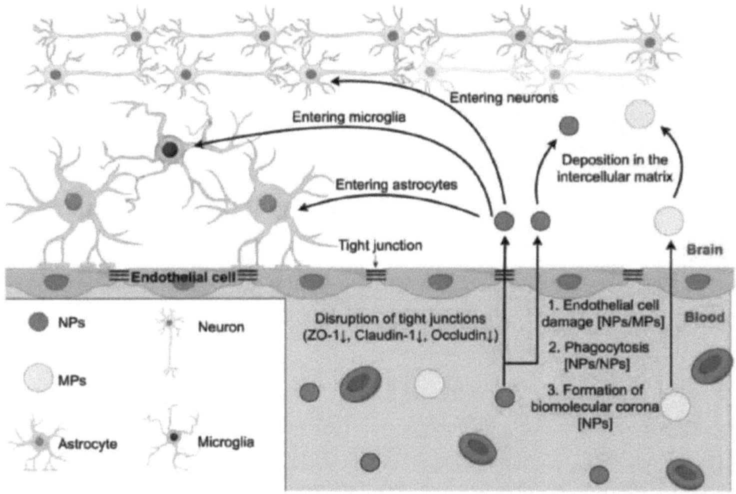

Figura.4. MNPs que atravessam a barreira hemato-encefálica (Zheng, Xu et al. 2024) .

- Mecanismos-chave das MNPs podem causar neurotoxicidade

Os micro e nanoplásticos (MNPs) podem causar neurotoxicidade ao desencadear respostas imunitárias no SNC. Vários estudos in vitro e in vivo demonstraram os seus efeitos nocivos, especialmente através da ativação da microglia, as células imunitárias residentes no cérebro Figura 5.

Mecanismos-chave:

Resposta imunitária e inflamação: Os MNP, em particular os MP, podem ativar a microglia, conduzindo à neuroinflamação e a danos neuronais crónicos. As micróglias, quando activadas, libertam factores inflamatórios, reduzem a vigilância dos tecidos e interferem com a função das sinapses. Em ratos, foi demonstrado que os MPs activam a microglia em diferentes regiões do cérebro, incluindo o hipocampo e a amígdala, levando a neurotoxicidade e danos neuronais. Estudos sobre linhas de células microgliais (BV2 e HMC-3) confirmam a ativação de vias inflamatórias, como o NF-κB, e a libertação de citocinas pró-inflamatórias (Alimba e Faggio 2019)&(Kwon, Kim et al. 2022).

Danos sinápticos e neuronais: A microglia regula a função sináptica e está envolvida na remodelação sináptica. Estudos realizados com peixes-zebra e ratos mostram que as

MNPs alteram a poda das sinapses, resultando numa redução da densidade das espinhas dendríticas, que é fundamental para a aprendizagem e a memória. Em ratos expostos a MPs, a ativação microglial levou à diminuição da densidade de espinhas dendríticas no hipocampo, prejudicando as capacidades de aprendizagem e memória. Esta disfunção sináptica está também associada a doenças como a doença de Alzheimer (Li, Du et al. 2012).

Disfunção mitocondrial: A exposição aos MNP perturba a dinâmica mitocondrial, conduzindo a danos na função mitocondrial e à ativação da sinalização AMPK, contribuindo para a neurotoxicidade (Zhao, Zhu et al. 2023).

As MNPs induzem toxicidade principalmente através do stress oxidativo, que envolve a produção excessiva de espécies reactivas de oxigénio (ROS), como os aniões superóxido (Or-), os radicais hidroxilo (·OH) e o peróxido de hidrogénio (H2O2). Este desequilíbrio entre ROS e antioxidantes leva à inflamação, danos celulares e potencial carcinogénese. O estresse oxidativo induzido por MNP interrompe os processos celulares, resultando em instabilidade genômica, anormalidades fisiológicas e neurotoxicidade (Kim e Kang 2016).

- Mecanismos do stress oxidativo:

Perturbação das Enzimas Antioxidantes: A exposição a MNP diminui a atividade das principais enzimas antioxidantes, como a catalase (CAT), a glutationa peroxidase (GPx) e a glutationa redutase (GR), que normalmente neutralizam as ROS. Estudos em peixe-zebra e ratos mostraram que a exposição a MPs reduz os níveis de glutationa reduzida (GSH), aumenta o malondialdeído (MDA) (um marcador de peroxidação lipídica) e diminui a atividade da CAT, levando a neurotoxicidade, perda de células neuronais e anomalias comportamentais (Kim e Kang 2016).

Peroxidação lipídica e danos no ADN: O excesso de ROS provoca peroxidação lipídica (LPO) e danos oxidativos no ADN celular. Em estudos com animais, a exposição a MNPs aumentou biomarcadores como 8-OHdG e γ-H2AX, que indicam danos no ADN e quebras de cadeia dupla induzidas pelo stress oxidativo. Estes efeitos oxidativos estão associados ao envelhecimento do cérebro e a processos neurodegenerativos (Wang, Han et al. 2022). **Resposta Antioxidante**: A resposta antioxidante às MNPs é mediada por enzimas como a superóxido dismutase (SOD), que converte os radicais superóxido em peróxido de hidrogénio, e a glutationa s-transferase (GST), que desintoxica substâncias citotóxicas. O equilíbrio entre os efeitos oxidantes e antioxidantes nas células é crucial para manter a homeostase redox, e a GSH desempenha um papel fundamental neste processo. A exposição aos MNP perturba este equilíbrio, conduzindo a danos celulares e inflamação (Trestrail, Nugegoda et al. 2020).

A exposição às MNP pode afetar significativamente a função dos neurotransmissores e a atividade enzimática, conduzindo à neurotoxicidade. Bhagat, Zang et al. (2022) descobriram que as MNP inibem vários neurotransmissores, incluindo a dopamina, a serotonina, a melatonina e a oxitocina, o que afecta diretamente a excitação neural, o comportamento e as capacidades cognitivas.

Inibição da acetilcolinesterase (AChE): A AChE é essencial para decompor a acetilcolina (Ach) nas sinapses colinérgicas, assegurando uma neurotransmissão correta. Foi demonstrado que os MNPs inibem a atividade da AChE, o que leva a um excesso de acetilcolina nas sinapses, estimulando excessivamente os receptores e perturbando a neurotransmissão. Esta inibição resulta em disfunção neuromuscular e cognitiva (Dawson e Snyder 1994).

Perturbação dos neurotransmissores: Em animais como o peixe-zebra e a carpa, a exposição a MNPs resultou em reduções significativas de neurotransmissores como a dopamina, a oxitocina, o GABA, a serotonina (5-HT) e a kisspeptina. Isto contribui para anomalias comportamentais, tais como níveis de atividade alterados e ansiedade, bem como perturbações neurológicas. Por exemplo, em ratos, as MNP inaladas provocaram uma redução da atividade e da inibição da AChE, conduzindo a uma potencial disfunção neurológica (Torres-Ruiz, de Alba González et al. 2023).

Supressão da via CREB/BDNF: Em ratos, a exposição a MNPs reduziu os níveis de acetilcolina e inibiu a via CREB (proteína de ligação ao elemento de resposta cAMP) e BDNF (fator neurotrófico derivado do cérebro), crucial para a memória e a aprendizagem. Esta inibição foi invertida pelo tratamento com antioxidantes, como a vitamina E figura 5 (Wang, Chen et al. 2023).

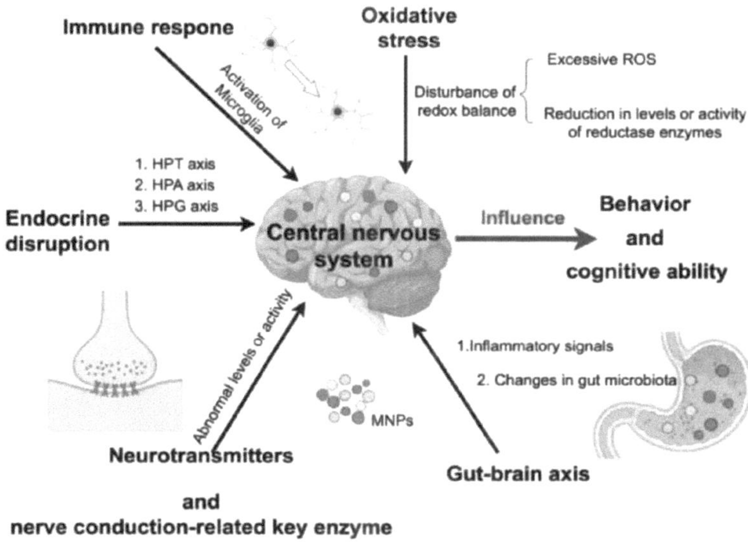

Figura. 5. Mecanismos de neurotoxicidade induzida por MNPs (Zheng, Xu et al. 2024).

O eixo intestino-cérebro refere-se à rede de comunicação bidirecional entre o intestino e o cérebro, envolvendo vias neurais, neuroendócrinas, neuroimunes e a microbiota intestinal (Mayer, Nance et al. 2022). As principais barreiras a esta comunicação incluem a barreira intestinal e a BBB , que são reguladas por factores como o stress, a microbiota intestinal e a inflamação. Num estado saudável, estas barreiras impedem que sinais nocivos cheguem ao cérebro. No entanto, a microbiota intestinal pode influenciar a estrutura e a função do cérebro através de vários mecanismos, incluindo a libertação de metabolitos microbianos que interagem com o sistema imunitário e atravessam a BHE (Zheng, Xu et al. 2024).

Foi demonstrado que a ingestão crónica de MNPs causa inflamação intestinal e aumenta o risco de perturbações cerebrais como a demência. Os sinais inflamatórios podem viajar entre o intestino e o cérebro, possivelmente através de citocinas como a IL-1β, que têm sido implicadas em danos neuronais e disfunção cognitiva. Estes efeitos são reversíveis se a exposição aos MNP for interrompida. A ingestão de MNP pode também perturbar as populações microbianas intestinais, afectando o neurodesenvolvimento e o comportamento através do eixo intestino-cérebro (Yang, Dai et al. 2023).

A investigação recente mudou o foco para poluentes ambientais como os MNP, revelando que estes têm impacto nos micróbios intestinais, que por sua vez afectam o cérebro, causando neurotoxicidade e problemas cognitivos. Os MNPs alteram o microbiota intestinal, reduzindo as bactérias benéficas e aumentando as prejudiciais, o que leva a alterações nos metabolitos que influenciam a função cerebral. Estudos exploraram intervenções como a eliminação da microbiota intestinal ou a utilização de compostos como a epigalocatequina-3-galato (EGCG) para atenuar estes efeitos nocivos, oferecendo estratégias potenciais para prevenir ou tratar os danos induzidos pelos MNP (Yang, Dai et al. 2023).

Efeito dos metais pesados no sistema nervoso central

A exposição a metais pesados, impulsionada pela industrialização e pela contaminação ambiental, apresenta riscos significativos para a saúde humana, afectando múltiplos sistemas de órgãos. Estes metais, como o chumbo, o mercúrio, o cádmio e o arsénico, geram ERO, conduzindo a stress oxidativo, danos no ADN e perturbação de enzimas e funções celulares. A exposição a doses elevadas pode provocar sintomas graves, como insuficiência renal, problemas gastrointestinais e perturbações neurológicas, enquanto a exposição crónica a doses baixas provoca efeitos mais subtis e a longo prazo, incluindo perturbações neuropsiquiátricas, atrasos no desenvolvimento e aumento do risco de cancro. A exposição simultânea a vários metais pode ter efeitos cumulativos, agravando ainda mais a toxicidade. A resolução deste problema exige uma regulamentação rigorosa, uma melhor monitorização ambiental e estratégias de tratamento eficazes, como a terapia de quelação, para gerir o envenenamento por metais pesados (Balali-Mood, Naseri et al. 2021).

A homeostase dos metais é essencial para a manutenção das funções vitais, e tanto as deficiências como os excessos podem conduzir a graves problemas de saúde. Embora alguns metais como o ferro (Fe), o cobre (Cu) e o zinco (Zn) sejam necessários para o funcionamento do cérebro, a sua desregulação está intimamente ligada a doenças neurodegenerativas. O ferro desempenha um papel fundamental em doenças como a DP e a DA devido ao seu envolvimento na neurotransmissão e no stress oxidativo, em que a sua deshomeostasia conduz à produção de ROS e à neurodegeneração. O cobre e o zinco também influenciam a sobrevivência neuronal e a função sináptica, mas o seu desequilíbrio pode exacerbar a morte das células cerebrais. Outros metais como o manganês (Mn), o mercúrio (Hg) e o chumbo (Pb) estão também implicados na neurodegeneração, com níveis elevados que desencadeiam o stress oxidativo, a disfunção mitocondrial e a alteração da função proteica, contribuindo para doenças como a DP. A investigação salienta os efeitos tóxicos dos metais pesados, nomeadamente ao danificarem os neurónios dopaminérgicos, indicando o seu papel no aparecimento e na progressão das doenças neurodegenerativas figura 6 (Vellingiri, Suriyanarayanan et al. 2022) .

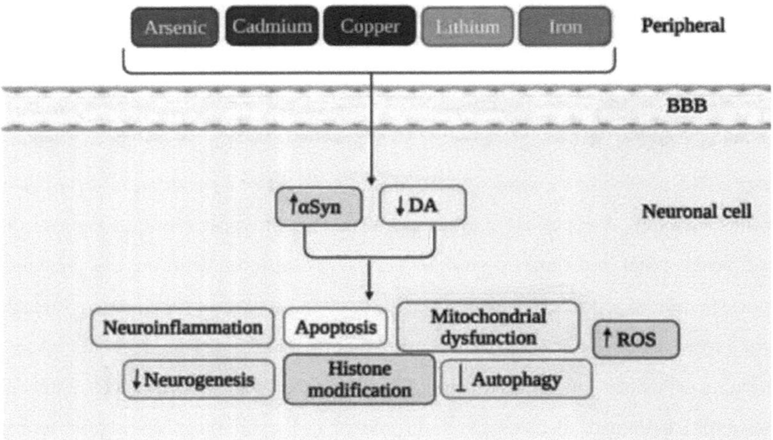

Figura 6. Efeitos neurotóxicos de As, Cd, Cu, Fe (Vellingiri, Suriyanarayanan et al. 2022).

- Impacto dos metais pesados nos receptores de dopamina (DA).

O recetor D2 da dopamina (DRD2) é fundamental para a coordenação motora e a sua perturbação conduz à DP. Os metais pesados regulam negativamente as proteínas relacionadas com a dopamina, como a tirosina hidroxilase (TH), o transportador vesicular de monoamina 2 (VMAT2), o ácido 3,4-dihidroxifenilacético (DOPAC) e o ácido homovanílico (HVA), contribuindo para os défices motores (de la Fuente-Fernández 2013).

Estudos mostram que a exposição a metais pesados (As, Cd, Cu, Fe) leva a uma redução dos níveis de dopamina em regiões-chave do cérebro, como o striatum, o córtex frontal, o hipocampo e a substantia nigra. Esta situação provoca stress oxidativo, degradação neuronal e uma coordenação motora deficiente (Kim, Lee et al. 2021).

O As desencadeia a apoptose através da inibição de vias de sinalização como a pAkt e a glicogénio sintase quinase-3 beta (GSK-3β). O Cd reduz a dopamina em várias regiões do cérebro, aumentando os danos oxidativos, enquanto o Cu e o Fe também induzem o stress oxidativo, afetando os neurónios dopaminérgicos (Srivastava, Dhuriya et al. 2018). Os metais pesados suprimem marcadores-chave envolvidos na síntese e regulação da dopamina, como o DAT, VMAT2 e TH, que são essenciais para a função motora. Isto sugere que a exposição a metais pesados pode contribuir para a progressão da DP, prejudicando a atividade dos receptores da dopamina e causando alterações neurocomportamentais (Vellingiri, Suriyanarayanan et al. 2022).

- Impacto dos metais pesados na DP

O arsénio aumenta as ERO, a peroxidação lipídica e diminui os níveis de antioxidantes como a superóxido dismutase e a GSH. Isto resulta em stress oxidativo, que danifica as células cerebrais e conduz à neurodegeneração (Piao, Lian et al. 2017).

Além disso, a exposição crónica ao arsénico reduz os níveis de monoaminas como a dopamina, a norepinefrina e a serotonina em regiões como o estriado e o hipocampo, conduzindo a défices motores semelhantes aos da DP (Yadav, Shukla et al. 2010). Os danos oxidativos induzidos pela exposição ao arsénio reduzem a DA e os seus metabolitos, causando neurodegeneração (Nagaraja e Desiraju 1993).

Além disso, a exposição ao arsénio desencadeia danos oxidativos no ADN, que levam à morte de neurónios dopaminérgicos, contribuindo para sintomas semelhantes aos da DP (Singh, Goel et al. 2011). Também envolve a metilação e o metabolismo via GSTO1 e AS3MT, afectando ainda mais as vias dopaminérgicas (Rios, Zarazúa et al. 2009).

O arsénico influencia o desdobramento e a agregação da α-sinucleína (aSyn), uma caraterística da patologia da DP. Esta acumulação anormal prejudica a função do proteassoma da ubiquitina, conduzindo à neurodegeneração (Lau, Zheng et al. 2013). Modelos experimentais demonstraram que a exposição ao As inibe a TH e aumenta os oligómeros de aSyn e os marcadores de stress oxidativo e autofagia, incluindo LC3-I/II, NQO1 e P62 (Cholanians, Phan et al. 2016). A exposição ao arsénio também prejudica a função mitocondrial, conduzindo a uma perturbação do metabolismo energético nos neurónios, que é outro fator que contribui para a DP (Karri e Kumar 2020).

A exposição ao arsênico leva à diminuição da expressão de reguladores mitocondriais críticos, como PGC-1 α (coativador 1-alfa do recetor gama ativado por proliferador de peroxissoma) e NRF2 (fator nuclear eritroide 2 relacionado ao fator 2), ambos vitais para a saúde mitocondrial e mecanismos de defesa antioxidante. A disfunção mitocondrial resultante conduz ainda mais à neurodegeneração (Rasheed, Liang et al. 2021).

O arsénico desencadeia a via do fator nuclear kappa light chain enhancer of activated B cells (NF-κB), que é um importante regulador da inflamação e da resposta imunitária. A ativação da sinalização NF-κB leva à regulação positiva de citocinas pró-inflamatórias como o IFN-1, IL-1β e IL-18, promovendo a neuroinflamação e acelerando a apoptose neuronal. As respostas inflamatórias aumentam a vulnerabilidade dos neurônios dopaminérgicos à degeneração, contribuindo para a DP (Rasheed, Liang et al. 2021).

A cascata de citocinas inflamatórias desencadeada pela ativação do NF-κB agrava ainda mais o processo degenerativo nos neurónios dopaminérgicos, resultando, em última análise, em apoptose neuronal generalizada e disfunção motora, caraterísticas marcantes da DP Figura 7 .

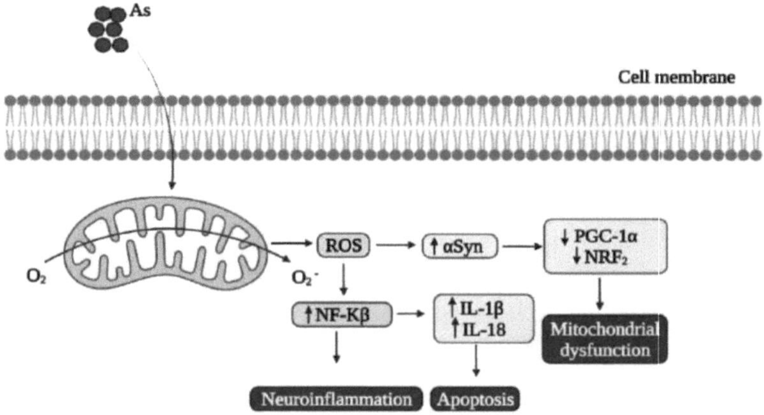

Figura. 7. Comportamento mecanicista do As no processo de neurodegeneração (Vellingiri, Suriyanarayanan et al. 2022).

Foram encontrados níveis elevados de Fe na substância negra de cérebros post-mortem de doentes com DP em comparação com controlos (Sofic, Riederer et al. 1988). Os depósitos de Fe na substantia nigra contribuem para a degeneração dos neurónios dopaminérgicos, que é fundamental para a progressão da DP. A acumulação de Fe está particularmente ligada à degenerescência nigra e é vista como um potencial biomarcador da DP (He, Langley et al. 2020).

Em modelos de parkinsonismo induzidos por **1-metil-4-fenil-1**,2,3,6-tetrahidropiridina (MPTP), verificou-se que a deposição de Fe exacerba a morte de células dopaminérgicas. Em macacos tratados com MPTP, a acumulação de Fe na substantia nigra promoveu a neurodegeneração, imitando a patologia da DP (Li, Cao et al. 2020). Isto também foi observado no hemiparkinsonismo unilateral induzido por MPTP em macacos verdes africanos, onde os depósitos de Fe estavam associados à degeneração das células DA e das células gliais (Temlett, Landsberg et al. 1994).

A acumulação de F e tem sido associada à redução da DA e da 5-hidroxitriptamina (5-HT) em doentes com DP, particularmente naqueles com síndrome das pernas inquietas, um sintoma não motor comum associado à DP (Piao, Lian et al. 2017).

A capacidade do Fe para catalisar a produção de ROS através da reação de Fenton amplifica o stress oxidativo, contribuindo para os danos neuronais. O aumento do Fe exacerba os danos oxidativos nos neurónios dopaminérgicos, levando à sua degeneração. Este efeito foi demonstrado em células CAD e em modelos PINK1 de Drosophila, em que a deposição de Fe conduziu a um aumento dos níveis de ROS e a défices motores (Ohiomokhare, Olaolorun et al. 2020).

A deposição de Fe na substantia nigra correlaciona-se com alterações da expressão génica, conduzindo ainda mais à neurodegeneração na DP (Thomas, Zarkali et al. 2021). Em modelos de C. elegans, a acumulação de Fe associada a mutações no ATP13A2 causou neurodegeneração, mostrando que a desregulação do Fe interage com factores genéticos na patologia da DP figura 8 (Anand, Holcom et al. 2020).

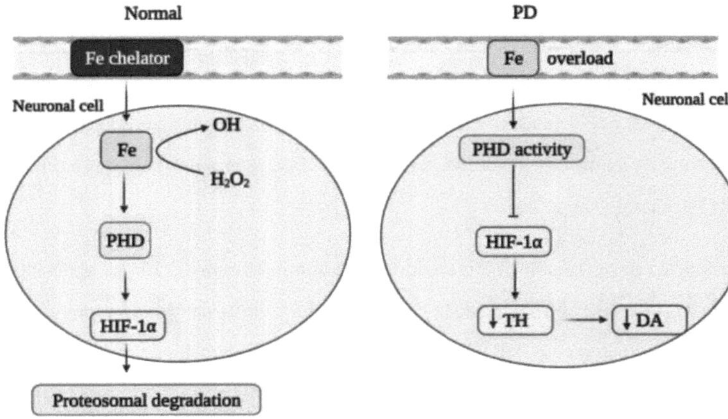

Figura. 8. Efeito da quelação de Fe na degenerescência da DA (Vellingiri, Suriyanarayanan et al. 2022) .

O diagrama compara a função neuronal normal com a DP em relação à regulação do ferro. Em condições normais, o ferro é controlado por quelantes de Fe, permitindo que a prolil hidroxilase (PHD) mantenha a degradação normal do fator induzível por hipoxia 1-alfa (HIF-1 α), prevenindo danos neuronais. Na DP, a sobrecarga de ferro provoca stress oxidativo, perturbando a atividade da PHD, o que leva à acumulação de HIF-1α. Isto reduz os níveis de TH, resultando numa diminuição da produção de DA, contribuindo para a neurodegeneração e os sintomas motores associados à DP. O diagrama destaca o potencial da quelação de Fe como estratégia terapêutica para mitigar este processo (Vellingiri, Suriyanarayanan et al. 2022).

Efeito da radiação no sistema nervoso central

A radiação pode ter efeitos significativos no sistema nervoso, nomeadamente através de danos diretos nas células neurais e de mecanismos secundários como o stress oxidativo e a inflamação. O tipo, a dose e a duração da exposição à radiação, bem como as regiões específicas do cérebro ou dos nervos periféricos afectados, desempenham um papel fundamental na determinação da gravidade e da natureza dos danos neurológicos (Warrington, Ashpole et al. 2013). Aqui está uma visão detalhada de como a radiação afecta o sistema nervoso:

- **Tipos de radiação que afectam o sistema nervoso**

Radiação ionizante: Inclui os raios X, os raios gama e a radiação de partículas (como os protões ou os neutrões), normalmente encontrados em tratamentos médicos (como a radioterapia) ou em acidentes (como as catástrofes nucleares). Trata-se de radiações de alta energia que podem danificar diretamente o ADN e outros componentes celulares (Chaudhary e Kumar 2023).

Radiação não ionizante: Inclui formas de radiação de menor energia, como os campos electromagnéticos, as micro-ondas e a luz UV, que têm menor capacidade de penetração, mas que podem ainda provocar efeitos térmicos e possíveis danos indirectos nos tecidos neurais, embora o seu papel na causa de danos neurológicos significativos continue a ser debatido (Havas 2017).

- **A influência de doses elevadas de radiação ionizante no SNC**

A irradiação gera ROS , levando ao stress oxidativo e à neuroinflamação, especialmente em doses elevadas de radiação ionizante. Uma meta-análise indica que os danos oxidativos têm um impacto significativo nas células cerebrais, embora as respostas variem consoante as espécies e os tecidos. No SNC , a radiação ionizante afecta os ácidos nucleicos, aumenta a permeabilidade neurovascular, induz ROS e desencadeia a neuroinflamação (Einor, Bonisoli-Alquati et al. 2016). O hipocampo, crucial para a neurogénese, é particularmente vulnerável, sendo que doses superiores a 1 Gy reduzem a sobrevivência das células progenitoras neurais, aumentam os danos no ADN e promovem o stress oxidativo (Marples, Wouters et al. 2003).

Altas doses de radiação (como 10 Gy) podem levar a uma apoptose significativa nas células do SNC, caracterizada por níveis aumentados de proteínas pró-apoptóticas como o citocromo-c e a caspase-3, juntamente com um aumento de citocinas pró-inflamatórias (por exemplo, TNF-α, IL-1β, IL-6) e marcadores de stress oxidativo. Pensa-se que estas respostas inflamatórias, mediadas pela microglia activada, inibem a neurogénese e contribuem para o défice cognitivo. Estudos demonstraram também que a ativação da microglia, após irradiação de doses elevadas, gera citocinas pró-inflamatórias, levando a uma maior neuroinflamação e lesão cerebral. Os efeitos da radiação na barreira hemato-encefálica exacerbam a resposta inflamatória, permitindo que as células imunitárias periféricas se infiltrem no SNC (Saeed, Xie et al. 2014).

A investigação também salienta o papel da disfunção mitocondrial nos danos induzidos pela radiação, em que esta promove a produção de ROS/RNS, alterações da permeabilidade mitocondrial e peroxidação lipídica. Este stress oxidativo prolongado está associado a danos persistentes no ADN, à diminuição da capacidade de reparação e à morte celular. A importância das defesas antioxidantes é sublinhada, uma vez que a irradiação reduz enzimas-chave como as superóxido dismutases e a glutationa, que normalmente atenuam os danos induzidos pelas ROS. Os efeitos cumulativos do stress oxidativo, da inflamação e da disfunção mitocondrial são os principais contribuintes para os défices cognitivos a longo prazo após a exposição à radiação (Betlazar, Middleton et al. 2016).

Doses mais elevadas de radiação ionizante activam a microglia, levando à libertação de citocinas pró-inflamatórias como a IL-1β, TNF-α e IL-6, reflectindo principalmente um estado de ativação M1 que inibe a neurogénese e contribui para a disfunção cognitiva. Esta resposta pró-inflamatória é exacerbada pela rutura da barreira hemato-encefálica, promovendo a infiltração de células imunitárias periféricas e danos microvasculares, particularmente em doses superiores a 5 Gy, que podem induzir a apoptose de células endoteliais. O stress oxidativo resultante, caracterizado pelo aumento de ROS e danos no ADN, ativa vias de sinalização como o NF-κB e MEK/ERK1/2, aumentando ainda mais a resposta inflamatória. As estratégias terapêuticas que visam a inflamação e o stress oxidativo, como os agonistas do PPARδ e os inibidores da NADPH oxidase, são promissoras na atenuação da neuroinflamação induzida pela radiação e na manutenção da saúde neuronal (Schnegg, Kooshki et al. 2012).

A exposição a doses que variam de 2 a 5 Gy de radiação ionizante reduz significativamente a atividade da superóxido dismutase de cobre/zinco/manganês (Cu/Zn/Mn- SOD) tanto no hipocampo como no córtex, com o hipocampo a apresentar declínios mais pronunciados na atividade antioxidante, indicando a sua maior sensibilidade e capacidade de recuperação prejudicada (Todorovic, Pejic et al. 2015). A investigação de Ismail e El-Sonbaty (2016) demonstrou que uma dose única de radiação gama de 6 Gy em roedores resultou em aumentos significativos nas quebras de cadeia dupla do ADN (DSBs) e na peroxidação lipídica, juntamente com reduções na atividade da glutationa e da SOD em comparação com controlos irradiados com sham. Estes efeitos prejudiciais foram atenuados em animais pré-tratados com agentes antioxidantes, sublinhando o papel crítico dos antioxidantes na atenuação das lesões induzidas pelo stress oxidativo após irradiação de dose elevada. Além disso, estudos que envolveram a sobreexpressão da catalase mitocondrial mostraram que esta 'abordagem neutraliza eficazmente a peroxidação lipídica no hipocampo após doses superiores a 2 Gy, preservando assim as redes neuronais e dendríticas e, em última análise, reduzindo a disfunção cognitiva induzida pela radiação Figura 9.

- A influência da radiação ionizante de baixa dose no SNC

As tendências na literatura indicam um declínio na investigação centrada na radiação ionizante de baixa dose e nos seus impactos neurobiológicos, em comparação com os estudos sobre doses mais elevadas, sublinhando a ambiguidade em torno destes efeitos. As primeiras investigações, como as de Yamaoka, Edamatsu et al. (1994), demonstraram a ativação de mecanismos de proteção no cérebro após uma exposição aguda a baixas doses, incluindo a indução de atividade antioxidante que reduz os peróxidos lipídicos. Embora continuem a existir debates sobre as respostas à irradiação de baixas doses, grande parte da literatura existente sugere que esta pode não resultar em efeitos nocivos na cognição, na função celular, no ADN e na expressão genética, na apoptose ou em alterações patológicas in vivo. Em vez disso, a exposição a baixas doses pode estimular mecanismos moleculares e celulares protectores, o que realça a necessidade de explorar mais esta área (Wang, Tanaka et al. 2014).

Doses mais altas de radiação ionizante normalmente desencadeiam respostas neuroinflamatórias, enquanto doses mais baixas, como 0.5 Gy, demonstraram atenuar essas reações inflamatórias suprimindo citocinas pró-inflamatórias. Apesar disso, há uma notável falta de pesquisa sobre radiação ionizante de baixa dose e respostas microgliais, como refletido nas publicações limitadas disponíveis no banco de dados SCOPUS (Chien, Chen et al. 2015). As evidências indicam que doses baixas podem diminuir a neuroinflamação e os danos mediados por ROS, aumentando a viabilidade celular em neurónios do hipocampo expostos a 0,2 Gy, em comparação com doses mais elevadas que comprometem a sobrevivência (Otsuka, Koana et al. 2006). A exposição a baixas doses também foi associada a uma maior sobrevivência celular e a níveis mais elevados de ATP em culturas de células estaminais neurais humanas irradiadas a 0,05-0,25 Gy. Além disso, as respostas radioadaptativas, em que a pré-exposição a uma dose baixa aumenta a resistência a doses mais elevadas subsequentes, sugerem que as doses baixas podem atenuar eficazmente os marcadores inflamatórios e os danos no ADN. Estudos demonstraram que as doses baixas podem alterar a expressão de genes relacionados com a neuroprotecção, tais como os envolvidos na reparação do ADN e nas respostas ao stress oxidativo, que diferem qualitativamente das doses mais elevadas. O método de administração da dose também tem um impacto significativo nos resultados, com a exposição prolongada a produzir potencialmente mais efeitos nocivos do que doses únicas. Foram demonstradas evidências de mecanismos neuroprotectores e reparadores após uma dose baixa de radiação em vários modelos de roedores, incluindo os da doença de Parkinson e da encefalomielite autoimune experimental (EAE), em que a radiação gama de dose baixa foi associada a uma redução da inflamação e a um aumento do tempo de vida. É importante salientar que a exposição a doses baixas pode aumentar os níveis de antioxidantes no tecido cerebral e promover efeitos neuroprotectores, apoiando o conceito de hormese da radiação. No entanto, as inconsistências entre os estudos sublinham a necessidade de uma investigação mais aprofundada sobre a taxa de dose, os esquemas de administração e as respostas específicas da microglia à radiação ionizante de baixa dose. A investigação futura deve centrar-se na elucidação dos mecanismos que conduzem à estimulação antioxidante e à potencial indução de um estado de ativação microglial M2, o que poderia ajudar a delinear as respostas adaptativas da microglia a diferentes estímulos de radiação no SNC figura 9 (Betlazar, Middleton et al. 2016).

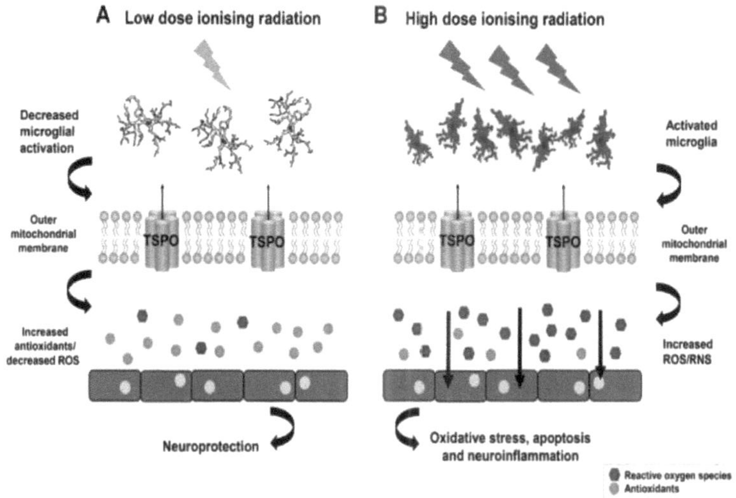

Figura. 9. Radiação ionizante e mediadores celulares e moleculares das respostas no SNC. (A) As baixas doses de radiação ionizante podem conferir neuroprotecção através da diminuição da neuroinflamação, do aumento dos níveis de antioxidantes e da neutralização do stress oxidativo. (B) As altas doses de radiação ionizante provocam uma resposta neuroinflamatória através da ativação da microglia (células a vermelho), de citocinas pró-inflamatórias e de ERO, que podem ter efeitos deletérios no funcionamento e na sobrevivência das células. O papel da TSPO na modulação das ERO pode também implicar esta proteína no equilíbrio redox após a radiação ionizante em diferentes doses (Betlazar, Middleton et al. 2016).

- Lesão crónica do SNC induzida por radiação:

Declínio cognitivo: A exposição crónica à radiação, especialmente a observada em doentes submetidos a radioterapia cerebral (por exemplo, para tumores cerebrais), pode levar a deficiências cognitivas a longo prazo. A perda de memória, a redução da capacidade de atenção e a dificuldade nas funções executivas são comuns (Al-Mefty, Kersh et al. 1990).

Necrose por radiação: Um dos efeitos retardados mais graves da radiação é a necrose cerebral, que pode ocorrer meses ou anos após a exposição. Esta resulta de danos nos vasos sanguíneos que levam à isquémia e à morte do tecido cerebral. Os sintomas incluem dores de cabeça, convulsões e défices neurológicos, dependendo da localização da necrose (Fink, Born et al. 2012).

Leucoencefalopatia: Uma condição marcada pela degeneração da substância branca devido à exposição à radiação. Isto pode resultar em disfunção motora retardada, distúrbios da marcha e problemas cognitivos (Winter e Dietrich 2024).

Danos vasculares: A radiação pode induzir danos na BHE, tornando o cérebro mais suscetível a toxinas e causando inflamação. O dano endotelial vascular também pode aumentar o risco de acidente vascular cerebral e hemorragias cerebrais (Rosenberg 2012).

- Danos no Sistema Nervoso Periférico (SNP)

Os nervos periféricos também podem ser afectados pela radiação, especialmente quando são expostos durante tratamentos contra o cancro, como a radioterapia para tumores da cabeça, do pescoço ou da coluna vertebral.

Neuropatia induzida por radiação: A radiação pode danificar os nervos periféricos, provocando sintomas como dormência, formigueiro, fraqueza muscular e dor nas áreas afectadas. A exposição à radiação pode causar desmielinização dos neurónios periféricos ou degeneração axonal, conduzindo a défices sensório-motores (Ricard, Soussain et al. 2010).

Plexopatia braquial: Uma forma específica de neuropatia induzida por radiação ocorre no plexo braquial (uma rede de nervos que envia sinais da medula espinal para o ombro, braço e mão). Isto é frequentemente observado em doentes tratados com radiação para cancro da mama ou do pulmão e resulta em fraqueza muscular, perda de sensibilidade e, por vezes, paralisia do braço (Gosk, Rutowski et al. 2007).

Efeito da má alimentação no Sistema Nervoso Central

Uma alimentação deficiente pode afetar significativamente a saúde do cérebro, podendo provocar ou agravar perturbações neurológicas. Algumas das formas como a dieta afecta o sistema nervoso incluem:

- Deficiência de vitaminas:

A falta de vitaminas B12, B6 e folato pode levar a um declínio cognitivo, problemas de memória e problemas no sistema nervoso. A deficiência de vitamina B12, por exemplo, está associada a doenças neurodegenerativas e confusão mental.

A vitamina B12 é necessária para a síntese de metionina, que desempenha um papel na produção de S-adenosilmetionina (SAMe), um composto envolvido na produção de neurotransmissores e na regulação do humor (Bottiglieri 2013). Sem B12 suficiente, o organismo acumula homocisteína, um aminoácido associado a lesões cardiovasculares e neurológicas. A deficiência também afecta a integridade das bainhas de mielina, levando a uma função nervosa inadequada e à degeneração (Bottiglieri 2013).

A vitamina B12 é essencial para manter a saúde dos nervos, produzir ADN e ARN e apoiar a formação de mielina, a bainha protetora à volta dos nervos que facilita a transmissão eficiente dos sinais (Kaszynska 2024). Uma deficiência em B12 pode levar a vários problemas neurológicos e cognitivos, como perda de memória, particularmente em adultos mais velhos, e declínio cognitivo, incluindo dificuldade de concentração e velocidade de processamento mais lenta, aumentando potencialmente o risco de demência e doença de Alzheimer (Chen, Liu et al. 2021). As deficiências graves podem causar confusão mental, desorientação e sintomas do foro psiquiátrico, como depressão, paranoia ou alucinações. Além disso, níveis baixos de vitamina B12 têm sido associados à atrofia cerebral e a doenças neurodegenerativas como Parkinson e Alzheimer. A neuropatia periférica, que se manifesta por formigueiro, dormência ou fraqueza nas extremidades, também pode resultar de uma deficiência de B12 devido ao seu papel na manutenção da saúde dos nervos periféricos (Chen, Liu et al. 2021).

A vitamina B6 é fundamental para a saúde do cérebro porque está envolvida na síntese de neurotransmissores como a serotonina, a dopamina e o ácido gama-aminobutírico

(GABA) (Almeida, Mabasa et al. 2016). Estes neurotransmissores regulam o humor, a cognição e a comunicação nervosa. Também ajuda a baixar os níveis de homocisteína no organismo, que, quando elevados, podem danificar os vasos sanguíneos do cérebro e contribuir para o declínio cognitivo (Smith e Refsum 2016).

Uma deficiência grave de B6 pode causar problemas neurológicos, como convulsões, especialmente em bebés, devido ao seu papel na síntese de GABA. O GABA actua como um neurotransmissor inibitório e, sem ele, o cérebro pode ficar excessivamente excitado, levando a convulsões (Tong 2014).

O folato, ou vitamina B9, é crucial para a função cerebral, a síntese de ADN, a divisão celular e a produção de neurotransmissores como a serotonina, a dopamina e a norepinefrina (Nogueira-de-Almeida, Zotarelli-Filho et al. 2023). Uma deficiência em folato pode levar ao declínio cognitivo, com sintomas como memória fraca, pensamento lento e dificuldade de concentração, particularmente em adultos mais velhos, onde está associada a um risco acrescido de demência e doença de Alzheimer. A deficiência de folato também contribui para perturbações do humor, como a depressão e a irritabilidade, devido à diminuição da síntese de neurotransmissores. Nas mulheres grávidas, pode causar graves problemas de desenvolvimento, incluindo defeitos do tubo neural como a espinha bífida. O folato está envolvido no ciclo da metionina, e a sua deficiência leva a níveis elevados de homocisteína, que danificam os neurónios e os vasos sanguíneos, contribuindo ainda mais para o declínio cognitivo e os desequilíbrios de humor (Nogueira-de-Almeida, Zotarelli-Filho et al. 2023).

- Deficiência de ácidos gordos ómega 3

Os ácidos gordos ómega 3, em particular o ácido docosahexaenóico (DHA) e o ácido eicosapentaenóico (EPA), desempenham um papel essencial na função cerebral e na saúde neurológica geral (Dyall 2015). Estas gorduras são componentes estruturais das membranas celulares do cérebro, contribuindo para a sua fluidez e ajudando na comunicação entre os neurónios. O DHA, em particular, está altamente concentrado no cérebro e na retina, apoiando a função cognitiva, a memória e a aprendizagem (Hashimoto e Hossain 2018).

O DHA é fundamental para a plasticidade sináptica, que é essencial para a aprendizagem e a formação da memória. Níveis baixos de ómega 3 podem prejudicar a função sináptica, levando a uma redução das capacidades cognitivas. Estudos demonstraram que as deficiências em ómega 3 estão associadas a um fraco desempenho em testes de memória, especialmente em populações envelhecidas (Bazan, Musto et al. 2011).

Nas crianças, os ácidos gordos ómega 3 são essenciais para o desenvolvimento adequado do cérebro. Uma carência durante a gravidez ou na primeira infância pode provocar atrasos no desenvolvimento, dificuldades de aprendizagem e uma diminuição do QI. Uma ingestão inadequada de ómega 3 durante estes períodos críticos pode também aumentar o risco de perturbação de défice de atenção e hiperatividade (TDAH) (McNamara e Carlson 2006).

Os ácidos gordos ómega 3, em particular o EPA, estão ligados à regulação do humor, influenciando as vias da serotonina e da dopamina, que são neurotransmissores-chave envolvidos no bem-estar emocional. O EPA tem propriedades anti-inflamatórias que podem ajudar a reduzir a neuroinflamação, que está associada à depressão (Su, Matsuoka et al. 2015).

O DHA é vital para prevenir a neurodegeneração. Níveis baixos de DHA estão associados à atrofia cerebral, uma caraterística fundamental da doença de Alzheimer e de outras demências. Os ómega 3 reduzem o stress oxidativo e a neuroinflamação, ambos associados ao declínio cognitivo e à progressão da doença de Alzheimer (Heath e Wood 2021).

A deficiência em ómega 3 está associada à formação de placas de amiloide-beta, uma caraterística da doença de Alzheimer. Uma ingestão adequada de ómega 3 pode ajudar a proteger contra a formação destas placas e a retardar a progressão do défice cognitivo. Vários estudos longitudinais indicam que os indivíduos que consomem mais ómega 3 na dieta têm um risco reduzido de desenvolver a doença de Alzheimer e o declínio cognitivo relacionado com a idade (Furman e Axelsen 2019).

Os ómega 3 têm poderosas propriedades anti-inflamatórias. A inflamação crónica no cérebro é um dos principais factores que contribuem para as doenças neurodegenerativas e o declínio cognitivo. O EPA e o DHA reduzem a produção de citocinas pró-inflamatórias, moléculas que promovem a inflamação, protegendo assim os neurónios de danos (132, ski et al. 2016).

Os ómega 3 podem também ajudar a reduzir os níveis de homocisteína, um aminoácido associado a lesões cardiovasculares e neurológicas. Níveis elevados de homocisteína estão associados ao declínio cognitivo e à demência. Ao reduzir a homocisteína, os ómega 3 ajudam a manter a saúde cerebrovascular, garantindo um fluxo sanguíneo suficiente para o cérebro (Marcos e Javier 2021).

- Deficiência de antioxidantes.

Os antioxidantes, em particular as vitaminas C e E, desempenham um papel vital na proteção das células cerebrais contra o stress oxidativo, que é um dos principais contribuintes para doenças neurodegenerativas como a doença de Parkinson e a doença de Alzheimer. O stress oxidativo ocorre quando há um desequilíbrio entre os radicais livres - moléculas instáveis que podem danificar as células - e a capacidade do organismo para os neutralizar com antioxidantes. Os neurónios são particularmente vulneráveis aos danos oxidativos devido à sua elevada atividade metabólica e à sua dependência do oxigénio (Marcos e Javier 2021).

Papel da vitamina C (ácido ascórbico):

A vitamina C é um poderoso antioxidante solúvel em água que ajuda a neutralizar os radicais livres e a proteger as células dos danos oxidativos (Pehlivan 2017). No cérebro, tem várias funções críticas:

- Neutraliza diretamente as ROS e as espécies reactivas de azoto (RNS), que podem danificar os lípidos, as proteínas e o ADN dos neurónios. Ao reduzir o stress oxidativo, a vitamina C ajuda a prevenir os danos e a morte celular, que podem levar à neurodegenerescência (Bratovcic 2020).
- A vitamina C está envolvida na síntese da dopamina, um neurotransmissor que é fundamental para o controlo motor e que se encontra empobrecido na doença de Parkinson. Níveis adequados de vitamina C ajudam a garantir a produção correta de neurotransmissores, contribuindo para a regulação do humor e da função cognitiva (Kumar, Singh et al. 2022).
- Pode ajudar a proteger contra a formação de placas beta-amilóides, que são agregados

de proteínas tóxicas que se acumulam no cérebro e perturbam a comunicação dos neurónios, levando ao declínio cognitivo. As propriedades antioxidantes da vitamina C podem reduzir o stress oxidativo que acelera a formação de placas (Kook, Lee et al. 2014).

Papel da vitamina E (tocoferol):

A vitamina E é um antioxidante lipossolúvel, armazenado principalmente nas membranas celulares, onde protege os ácidos gordos (como os que se encontram nas membranas das células cerebrais) dos danos oxidativos (Zingg e Meydani 2019).

A neuroinflamação é um fator crítico na progressão das doenças neurodegenerativas. As propriedades anti-inflamatórias da vitamina E ajudam a reduzir a produção de moléculas pró-inflamatórias, como as citocinas, que contribuem para a inflamação crónica e os danos neuronais em doenças como a doença de Alzheimer e a doença de Parkinson (Icer, Arslan et al. 2021).

A doença de Parkinson é caracterizada pela degeneração progressiva dos neurónios dopaminérgicos na nigra substancial, uma região do cérebro responsável pelo controlo dos movimentos. O stress oxidativo desempenha um papel importante na degradação destes neurónios. O elevado consumo de oxigénio e o teor de ferro do cérebro criam um ambiente onde os radicais livres se podem formar facilmente, levando ao stress oxidativo e à morte neuronal (Guo, Zhao et al. 2018).

Estudos demonstraram que o stress oxidativo desempenha um papel fundamental na degeneração dos neurónios na doença de Parkinson. Uma dieta rica em antioxidantes, em particular vitamina E, pode reduzir o risco ou atrasar o aparecimento da doença de Parkinson, protegendo os neurónios dopaminérgicos dos danos oxidativos. Alguns estudos observacionais sugerem que os indivíduos com uma ingestão mais elevada de vitamina E têm um menor risco de doença de Parkinson, embora os ensaios clínicos tenham fornecido resultados mistos relativamente à sua eficácia no retardamento da progressão da doença (Etminan, Gill et al. 2005, Hughes, Gao et al. 2016).

Na doença de Alzheimer, o stress oxidativo contribui para a formação de placas de beta-amiloide e emaranhados de tau no cérebro. Estas acumulações anormais de proteínas perturbam a comunicação neural e conduzem à morte celular. Pensa-se que os radicais livres aceleram a formação de placas e promovem os processos inflamatórios que conduzem à neurodegeneração (Tamagno, Guglielmotto et al. 2021).

Vários estudos exploraram a relação entre a ingestão de antioxidantes e a doença de Alzheimer. Por exemplo, o Cache County Study concluiu que os indivíduos que ingeriam uma quantidade elevada de vitamina E na sua dieta tinham um risco reduzido de desenvolver a doença de Alzheimer. Além disso, a suplementação com vitamina E foi estudada como um potencial tratamento para abrandar o declínio cognitivo em doentes com Alzheimer ligeiro a moderado, embora os resultados sejam variáveis (Luchsinger, Tang et al. 2003, Zandi, Anthony et al. 2004).

Efeito dos Factores Pesticidas no Sistema Nervoso Central

Os pesticidas são um grupo diversificado de substâncias utilizadas para controlar pragas, como insectos, ervas daninhas e fungos, e são classificados com base no seu alvo ou composição química (por exemplo, insecticidas, herbicidas, fungicidas) (Moses, Johnson et al. 1993). A exposição humana aos pesticidas ocorre frequentemente em misturas, o que complica a identificação dos efeitos de substâncias químicas específicas. Os estudos sobre a neurotoxicidade dos pesticidas têm-se centrado nos efeitos a longo prazo para a saúde, quer na sequência de envenenamento, quer de exposição profissional, em especial nos trabalhadores agrícolas que podem estar sujeitos a níveis de exposição elevados. No entanto, é frequente a classificação incorrecta da exposição, uma vez que os trabalhadores sem envenenamento diagnosticado podem, ainda assim, sofrer uma exposição significativa (Kamel e Hoppin 2004).

Os níveis de exposição podem variar muito, dependendo de factores como a função, a utilização de equipamento de proteção e as práticas de segurança. Por exemplo, os trabalhadores agrícolas que não dispõem de equipamento de segurança podem enfrentar maiores riscos do que os aplicadores comerciais, e os familiares dos trabalhadores agrícolas podem ser expostos indiretamente. Os métodos de aplicação, as práticas de higiene e o acesso a recursos de segurança influenciam ainda mais o risco de exposição. A avaliação destes factores requer abordagens sofisticadas, tais como matrizes de exposição específicas do trabalho e algoritmos para estimar o contacto com pesticidas.

Tanto as exposições históricas como as actuais são relevantes na avaliação da neurotoxicidade, embora as alterações nos produtos e nas práticas compliquem a avaliação da exposição. Embora os biomarcadores, como a atividade da AChE, possam ser úteis para alguns pesticidas, têm limitações, especialmente no caso da exposição crónica. A complexidade da estimativa da exposição a pesticidas ao longo da vida sublinha os desafios do estudo dos efeitos a longo prazo destas substâncias na saúde (Kamel e Hoppin 2004).

Os pesticidas contribuem para as doenças neurológicas através de mecanismos como a inflamação, o stress oxidativo e a morte celular apoptótica (Franco, Sánchez-Olea et al.

2009). Os principais processos tóxicos incluem a produção de radicais livres, a peroxidação lipídica e a perturbação das defesas antioxidantes do organismo, em especial de pesticidas como os organofosforados (OP), os herbicidas bipiridílicos e os organoclorados (Abdollahi, Ranjbar et al. 2004). Para além da sobre-estimulação colinérgica, os pesticidas anticolinesterásicos desencadeiam a libertação de glutamato, que ativa os receptores NMDA e gera radicais livres, conduzindo a danos neuronais (Milatovic et al, 2010). Pensa-se que este stress oxidativo e a excitotoxicidade contribuem para a neurodegeneração não relacionada com a colinesterase causada pelos OP (Slotkin, Lobner et al. 2010).

Apesar de numerosos estudos epidemiológicos e experimentais, continua a debater-se se os efeitos cognitivos, sensório-motores, psicológicos e psiquiátricos podem ocorrer sem a inibição da acetilcolinesterase (Moretto, Tiramani et al. 2011). A exposição a pesticidas tem sido associada a sintomas depressivos, com elevadas taxas de depressão registadas entre indivíduos expostos a níveis de pesticidas suficientemente elevados para causar sintomas de envenenamento (Beseler e Stallones 2008). A exposição crónica a OP também tem sido associada a problemas psiquiátricos como a depressão, a ansiedade e o comportamento agressivo ((London, Flisher et al. 2005), aumentando potencialmente o risco de suicídio ao afetar a função do sistema nervoso central e o autocontrolo.

Os OP também foram identificados como factores de risco para a polineuropatia retardada, uma doença neurodegenerativa caracterizada por disfunção sensório-motora (Lotti e Moretto 2006). Embora muitos estudos se centrem nas perturbações relacionadas com os OP, há provas emergentes que associam outros pesticidas, como os organoclorados e os fungicidas, a doenças neurodegenerativas. A exposição a longo prazo a herbicidas e insecticidas parece estar fortemente associada à doença de Alzheimer e à doença de Parkinson, sobretudo em contextos profissionais (Brown, Lockwood et al. 2005). No entanto, poucos estudos examinaram os efeitos neurológicos crónicos fora da exposição profissional.

A exposição aos pesticidas estende-se, para além dos trabalhadores agrícolas, à população em geral, através de resíduos na água, nos alimentos e no ambiente próximo das explorações agrícolas, suscitando preocupações quanto aos seus impactos mais vastos na saúde (Parrón, Requena et al. 2011).

Efeito dos factores do estilo de vida no Sistema Nervoso Central

O aumento global da incidência de AVC está intimamente ligado à modernização, às alterações do estilo de vida e ao envelhecimento da população. Os indivíduos que adoptam um estilo de vida de baixo risco - evitando fumar, praticando exercício físico regular, moderando o consumo de álcool e mantendo um peso saudável - apresentam um risco significativamente menor de doenças neurodegenerativas em comparação com os que têm hábitos de alto risco. A elevada incidência de neurodegenerescência é influenciada por factores como o stress, a inatividade física, a má alimentação, a obesidade, o colesterol elevado, o tabagismo, o alcoolismo e a hipertensão. Além disso, o envelhecimento, as lesões cerebrais e os factores relacionados com o estilo de vida, como as dietas ricas em açúcar e gordura, juntamente com a dependência de substâncias, agravam a neurodegeneração. No entanto, certos componentes da dieta, como os ácidos gordos polinsaturados e os antioxidantes (por exemplo, curcumina, resveratrol e polifenóis de mirtilo), bem como práticas como a restrição calórica e o exercício físico, podem promover a saúde e a longevidade do cérebro. Embora o estilo de vida e os factores genéticos forneçam informações mensuráveis sobre a progressão da doença, os mecanismos exactos das doenças neurodegenerativas permanecem pouco claros (Popa-Wagner, Dumitrascu et al. 2020).

Mechanisms Linking Lifestyle and Diet-Induced Metabolic Inflammation to Cerebrovascular Diseases (Mecanismos que ligam o estilo de vida e a inflamação metabólica induzida pela dieta às doenças cerebrovasculares).

O aumento da prevalência da diabetes mellitus tipo 2 (DM2) é largamente alimentado por estilos de vida sedentários e pela adoção de dietas pouco saudáveis e "ocidentalizadas", que reflectem o aumento da obesidade. Há muito que as dietas ricas em gorduras saturadas e colesterol estão associadas a um maior risco de aterosclerose e doenças cerebrovasculares. A má nutrição contribui para distúrbios metabólicos como a hipertensão, a síndrome metabólica, os acidentes vasculares cerebrais, a resistência à insulina e a DMT2, todos eles impulsionados pela inflamação sistémica crónica, ou metaflamação (Olefsky e Glass 2010). As hormonas lipídicas, juntamente com as citocinas e adipocinas, desempenham um papel fundamental no desencadeamento de respostas nocivas em células-alvo como os macrófagos. Apesar disso, os factores genéticos são responsáveis por 30% a 70% do risco de DMT2. A investigação da interação entre genes e factores ambientais é fundamental para compreender a doença (Poulsen, Ohm Kyvik et al. 1999). Os estudos de associação do genoma (GWAS) identificaram variantes genéticas ligadas à DMT2, lançando luz sobre a base genética da obesidade e da diversidade metabólica. Embora estes resultados melhorem a nossa compreensão, os factores de risco tradicionais, como a inatividade e a obesidade, continuam a ser os principais preditores da diabetes. Os recentes avanços no GWAS estão a aumentar o conhecimento das relações entre genética, estilo de vida e vias metabólicas no desenvolvimento da DM2 (Popa-Wagner, Dumitrascu et al. 2020).

Análises recentes salientaram a influência de factores modificáveis nas doenças neurodegenerativas, em especial a doença de Alzheimer, a demência frontotemporal, a doença de Parkinson e a esclerose lateral amiotrófica (ELA). Na doença de Alzheimer, um nível de escolaridade mais elevado e níveis elevados de vitamina D estão correlacionados com uma menor incidência da doença, enquanto o aumento do tabagismo está associado a probabilidades mais baixas e um maior consumo de café está associado a probabilidades mais elevadas de desenvolver doença de Alzheimer. No caso da demência frontotemporal, o consumo de álcool parece diminuir o risco, enquanto o consumo de café e de tabaco não apresentam associações significativas. Na DP, existe uma correlação negativa entre a duração da doença e a percentagem de gordura corporal, com um HDL mais elevado associado a uma duração mais longa, enquanto na DA, factores como o IMC e a proteína C-reactiva estão inversamente associados à incidência, e um LDL mais elevado está correlacionado com uma maior deposição de beta amiloide no cérebro. Por último, os doentes com ELA demonstram um melhor perfil cardiometabólico do que a população em geral, com taxas de obesidade mais baixas e um maior número de não fumadores, o que sugere uma interação complexa entre o estilo de vida, a dieta e o risco de doenças neurodegenerativas (Popa-Wagner, Dumitrascu et al. 2020).

Perspetiva futura

A perspetiva futura sobre a neurodegeneração e a sua ligação com as neurotoxinas ambientais envolve várias áreas-chave de enfoque:

- **Investigação e compreensão**: A investigação em curso terá como objetivo aprofundar a nossa compreensão dos mecanismos pelos quais as toxinas ambientais contribuem para a neurodegeneração. Isto inclui a identificação de vias específicas afectadas por estas toxinas e a forma como estas conduzem ao desenvolvimento de doenças como a doença de Alzheimer e a doença de Parkinson.
- **Estratégias preventivas**: Haverá provavelmente um impulso no sentido de desenvolver estratégias preventivas para minimizar a exposição a substâncias neurotóxicas, particularmente durante os períodos críticos do desenvolvimento neurológico (pré-natal e primeira infância). As iniciativas de saúde pública poderão centrar-se na redução das toxinas ambientais no ar, na água e nos alimentos.
- **Medidas regulamentares**: Para atenuar a presença de neurotoxinas no ambiente, podem ser implementadas regulamentações reforçadas no que respeita às emissões industriais, à utilização de produtos químicos e à eliminação de resíduos. Isto pode implicar limites mais rigorosos para a utilização de substâncias perigosas e uma melhor monitorização dos poluentes ambientais.

- **Sensibilização e educação do público**: Aumentar a sensibilização do público para os riscos associados às neurotoxinas ambientais e promover a educação sobre práticas seguras pode capacitar as comunidades para tomarem decisões informadas que protejam a sua saúde.
- **Terapias inovadoras**: O desenvolvimento de novas terapêuticas que visem os mecanismos subjacentes à neurodegenerescência pode ser um objetivo futuro. Isto poderá incluir a exploração de agentes neuroprotectores, antioxidantes e terapias destinadas a eliminar as placas amilóides e os NFT.
- **Colaboração interdisciplinar**: Os esforços futuros podem envolver a colaboração entre neurocientistas, toxicologistas, especialistas em saúde pública e decisores políticos para abordar a natureza multifacetada da neurodegeneração. A investigação

interdisciplinar poderá conduzir a abordagens mais abrangentes em matéria de prevenção, diagnóstico e tratamento.

- **Medicina personalizada**: Os avanços na medicina personalizada podem permitir intervenções adaptadas com base na suscetibilidade genética de um indivíduo a doenças neurodegenerativas e nas suas exposições ambientais específicas, conduzindo potencialmente a estratégias de tratamento mais eficazes.
- **Estudos longitudinais**: Os estudos a longo prazo serão essenciais para compreender os efeitos cumulativos das exposições ambientais na saúde neurológica. O acompanhamento das populações ao longo do tempo pode ajudar a identificar factores de risco e factores de proteção relacionados com a neurodegeneração.

Referências

132, W., T. ski, S. 130, a.-W. 132, E. ska, P. 153, J. kala, L. 132, S. ski, aw, K. Czyz, R. Bodkowski, G. Herbinger, P.-S. 130, B. a e T. Librowski (2016). "Ácidos graxos ômega-3 e seu papel no sistema nervoso central - uma revisão." Química medicinal atual **23**(8): 816-831.

Abdelhafiz, A. H. e A. J. Sinclair (2015). "Diabetes, nutrição e exercício". Clínicas em medicina geriátrica **31**(3): 439-451.

Abdollahi, M., A. Ranjbar, S. Shadnia, S. Nikfar e A. Rezaie (2004). "Pesticidas e stress oxidativo: uma revisão". Med Sci Monit **10**(6): 141-147.

Al-Mefty, O., J. E. Kersh, A. Routh e R. R. Smith (1990). "Os efeitos colaterais a longo prazo da radioterapia para tumores cerebrais benignos em adultos". Journal of neurosurgery **73**(4): 502-512.

Alimba, C. G. e C. Faggio (2019). "Microplásticos no ambiente marinho: Tendências actuais na poluição ambiental e mecanismos de perfil toxicológico". Toxicologia e farmacologia ambiental **68**: 61-74.

Almeida, M. R., L. Mabasa, C. Crane, C. S. Park, V. P. Venâncio, M. L. P. Bianchi e L. M. G. Antunes (2016). "Dietas maternas deficientes ou suplementadas com vitamina B6 na expressão de genes relacionados às vias GABAérgicas, serotoninérgicas ou glutamatérgicas no hipocampo de mães de ratos e seus filhotes". Molecular nutrition & food research **60**(7): 1615-1624.

Anand, N., A. Holcom, M. Broussalian, M. Schmidt, S. J. Chinta, G. J. Lithgow, J. K. Andersen e M. Chamoli (2020). "Metabolismo de ferro desregulado em C. elegans catp-6 / ATP13A2 mutante prejudica a função mitocondrial." Neurobiologia da doença **139**: 104786.

Balali-Mood, M., K. Naseri, Z. Tahergorabi, M. R. Khazdair e M. Sadeghi (2021). "Mecanismos tóxicos de cinco metais pesados: mercúrio, chumbo, cromo, cádmio e arsênico." Fronteiras em farmacologia **12**: 643972.

Baran, B. (2020). "Os resíduos de plástico como um desafio para o desenvolvimento sustentável e a circularidade na União Europeia". Ekonomia i Prawo. Economia e Direito **19**(1): 7-20.

Bazan, N. G., A. E. Musto e E. J. Knott (2011). "A sinalização endógena por mediadores derivados do ácido docosahexaenóico ómega-3 sustenta a integridade homeostática das sinapses e dos circuitos. "Neurobiologia molecular **44**: 216-222.

Beseler, C. L. e L. Stallones (2008). "Um estudo de coorte de envenenamento por pesticidas e depressão em residentes de fazendas do Colorado". Annals of epidemiology **18**(10): 768-774.

Betlazar, C., R. J. Middleton, R. B. Banati e G.-J. Liu (2016). "O impacto da radiação ionizante de alta e baixa dose no sistema nervoso central". Redox biology **9**: 144-156.

Bhagat, J., L. Zang, N. Nishimura e Y. Shimada (2022). "Aplicação de abordagens ómicas para avaliar a toxicidade de microplásticos e nanoplásticos em espécies de peixes e frutos do mar". TrAC Tendências em Química Analítica **154**: 116674.

Block, M. L. e L. Calderón-Garcidueñas (2009). "Poluição do ar: mecanismos de neuroinflamação e doenças do SNC". Tendências em neurociências **32**(9): 506-516.

Bottiglieri, T. (2013). "Folato, vitamina B12 e S-adenosilmetionina". Clínicas Psiquiátricas **36** (1): 1-13.

Bratovcic, A. (2020). "Enzimas antioxidantes e seu papel na prevenção de danos às células". Ata Sci. Nutr. Saúde **4**: 01-07.

Brown, R. C., A. H. Lockwood e B. R. Sonawane (2005). "Doenças neurodegenerativas: uma visão geral dos factores de risco ambientais". Perspectivas de saúde ambiental **113**(9): 1250-1256.

Calderón-Garcidueñas, L., B. Azzarelli, H. Acuna, R. Garcia, T. M. Gambling, N. Osnaya, S. Monroy, M. Del Rosario Tizapantzi, J. L. Carson e A. Villarreal-Calderon (2002). "Poluição do ar e danos cerebrais". Toxicologic pathology **30**(3): 373-389.

Calderón-Garcidueñas, L., A. C. Solt, C. Henríquez-Roldán, R. Torres-Jardón, B. Nuse, L. Herritt, R. Villarreal-Calderón, N. Osnaya, I. Stone e R. García (2008). "A exposição a longo prazo à poluição atmosférica está associada à neuroinflamação, a uma resposta imune inata alterada, à rutura da barreira hemato-encefálica, à deposição de partículas ultrafinas e à acumulação de amiloide β-42 e α-sinucleína em crianças e jovens adultos." Toxicologic pathology **36**(2): 289310.

Chaudhary, N. e G. Kumar (2023). Radiações mutagénicas: Raios X, partículas ionizantes e ultravioleta. Biotechnologies and genetics in plant mutation breeding, Apple Academic Press: 4567.

Chen, H., J. C. Kwong, R. Copes, P. Hystad, A. van Donkelaar, K. Tu, J. R. Brook, M. S. Goldberg, R. V. Martin e B. J. Murray (2017). "Exposição à poluição do ar ambiente e a incidência de demência: um estudo de coorte de base populacional." Ambiente internacional **108**: 271277.

Chen, H., S. Liu, B. Ge, D. Zhou, M. Li, W. Li, F. Ma, Z. Liu, Y. Ji e G. Huang (2021). "Efeitos da suplementação de ácido fólico e vitamina b12 no comprometimento cognitivo e inflamação em pacientes com doença de Alzheimer: Um ensaio randomizado, simples-cego e controlado por placebo". O jornal de prevenção da doença de Alzheimer **8**: 249-256.

Chen, M.-C., C.-F. Wang, B.-C. Lai, S.-W. Hsieh, S.-C. Chen, C.-H. Hung e C.-H. Kuo (2021). "A poluição do ar está associada a uma função cognitiva deficiente em adultos taiwaneses". Revista internacional de pesquisa ambiental e saúde pública **18** (1): 316.

Chien, L., W.-K. Chen, S.-T. Liu, C.-R. Chang, M.-C. Kao, K.-W. Chen, S.-C. Chiu, M.-L. Hsu, I.-C. Hsiang e Y.-J. Chen (2015). "A radiação ionizante de baixa dose induz a fusão mitocondrial e aumenta a expressão dos complexos mitocondriais I e III nos neurônios do hipocampo". Oncotarget **6**(31): 30628.

Cholanians, A. B., A. V. Phan, E. J. Ditzel, T. D. Camenisch, S. S. Lau e T. J. Monks (2016). "Da capa: O arsênico induz o acúmulo de α-sinucleína: Implicações para sinucleinopatias e neurodegeneração". Ciências Toxicológicas **153**(2): 271-281.

Cipriani, G., S. Danti, C. Carlesi e G. Borin (2018). "Perigo no ar: poluição do ar e disfunção cognitiva". American Journal of Alzheimer's Disease & Other Dementias® **33**(6): 333-341.

Craig, L., J. R. Brook, Q. Chiotti, B. Croes, S. Gower, A. Hedley, D. Krewski, A. Krupnick, M. Krzyzanowski e M. D. Moran (2008). "Air pollution and public health: a guidance document for risk managers." Jornal de Toxicologia e Saúde Ambiental, Parte A **71**(9-10): 588-698.

Cunningham, C., S. Campion, K. Lunnon, C. L. Murray, J. F. Woods, R. M. Deacon, J. N. P. Rawlins e V. H. Perry (2009). "A inflamação sistémica induz alterações comportamentais e cognitivas agudas e acelera a doença neurodegenerativa." Psiquiatria biológica **65**(4): 304-312.

Dawson, T. M. e S. H. Snyder (1994). "Gases como mensageiros biológicos: óxido nítrico e monóxido de carbono no cérebro". Journal of Neuroscience **14**(9): 5147-5159.

De Hartog, J., G. Hoek, A. Peters, K. Timonen, A. Ibald-Mulli, B. Brunekreef, J. Heinrich, P. Tiittanen, J. Van Wijnen e W. Kreyling (2003). "Efeitos das partículas finas e ultrafinas nos sintomas cardiorrespiratórios em idosos com doença coronária: o estudo ULTRA". American Journal of Epidemiology **157**(7): 613-623.

de la Fuente-Fernández, R. (2013). "Imagem da dopamina na DP e implicações para as manifestações motoras e neuropsiquiátricas da DP". Fronteiras em neurologia **4**: 90.

Dyall, S. C. (2015). "Ácidos graxos ômega-3 de cadeia longa e o cérebro: uma revisão dos efeitos independentes e compartilhados de EPA, DPA e DHA." Fronteiras na neurociência do envelhecimento **7**: 52.

Einor, D., A. Bonisoli-Alquati, D. Costantini, T. Mousseau e A. Moller (2016). "Radiação ionizante, resposta antioxidante e dano oxidativo: uma meta-análise." Ciência do Ambiente Total **548**: 463-471.

Elder, A., R. Gelein, V. Silva, T. Feikert, L. Opanashuk, J. Carter, R. Potter, A. Maynard, Y. Ito e J. Finkelstein (2006). "Translocação de partículas de óxido de manganês ultrafinas inaladas para o sistema nervoso central". Environmental health perspectives **114**(8): 1172-1178.

Etminan, M., S. S. Gill e A. Samii (2005). "A ingestão de vitamina E, vitamina C e carotenóides e o risco de doença de Parkinson: uma meta-análise." The Lancet Neurology **4**(6): 362-365.

Fink, J., D. Born e M. C. Chamberlain (2012). "Necrose por radiação: relevância no que diz respeito ao tratamento de tumores cerebrais primários e secundários". Relatórios atuais de neurologia e neurociência **12**: 276-285.

Franco, R., R. Sánchez-Olea, E. M. Reyes-Reyes e M. I. Panayiotidis (2009). "Toxicidade ambiental, stress oxidativo e apoptose: menage a trois". Mutation Research/Genetic Toxicology and Environmental Mutagenesis **674**(1-2): 3-22.

Fu, C., D. Kuang, H. Zhang, J. Ren e J. Chen (2022). "Diferentes componentes de poluentes atmosféricos e distúrbios neurológicos". Fronteiras em Saúde Pública **10**: 959921.

Furman, R. e P. H. Axelsen (2019). "Os efeitos da deficiência de ácidos graxos ômega-3 durante o desenvolvimento na degradação oxidativa de ácidos graxos durante a maturidade em um modelo de camundongo da doença de Alzheimer." Neurobiologia do envelhecimento **79**: 66-74.

Furuyama, A., S. Kanno, T. Kobayashi e S. Hirano (2009). "Extrapulmonary translocation of intratracheally instilled fine and ultrafine particles via direct and alveolar macrophage-associated routes." Archives of toxicology **83**: 429-437.

Genc, S., Z. Zadeoglulari, S. H. Fuss e K. Genc (2012). "Os efeitos adversos da poluição do ar no sistema nervoso". Journal of toxicology **2012**(1): 782462.

Gosk, J., R. Rutowski, P. Reichert e J. Rabczynski (2007). "Neuropatia do plexo braquial induzida por radiação - etiopatogénese, factores de risco, diagnósticos diferenciais, sintomas e tratamento." Folia neuropathologica **45**(1): 26-30.

Guo, J. D., X. Zhao, Y. Li, G. R. Li e X. L. Liu (2018). "Danos aos neurônios dopaminérgicos por estresse oxidativo na doença de Parkinson". Revista internacional de medicina molecular **41** (4): 18171825.

Hashimoto, M. e S. Hossain (2018). "Ácidos gordos: dos ingredientes da membrana às moléculas de sinalização". Bioquímica e benefícios para a saúde dos ácidos gordos: 1-20.

Havas, M. (2017). "Quando a teoria e a observação colidem: A radiação não ionizante pode causar cancro?" Environmental Pollution **221**: 501-505.

He, N., J. Langley, D. E. Huddleston, S. Chen, P. Huang, H. Ling, F. Yan e X. Hu (2020). "Aumento da deposição de ferro na substância negra lateral-ventral pars compacta: um marcador de neuroimagem promissor para a doença de Parkinson". NeuroImage: Clinical **28**: 102391.

Heath, R. J. e T. R. Wood (2021). "Por que os benefícios do DHA não foram confirmados no tratamento e prevenção da doença de alzheimer? Uma revisão narrativa focada no metabolismo do DHA e no tecido adiposo. Revista Internacional de Ciências Moleculares **22**(21): 11826.

Hughes, K. C., X. Gao, I. Y. Kim, E. B. Rimm, M. Wang, M. G. Weisskopf, M. A. Schwarzschild e A. Ascherio (2016). "Ingestão de vitaminas antioxidantes e risco de doença de Parkinson". Distúrbios do Movimento **31**(12): 1909-1914.

Icer, M., N. Arslan e G. Karadag (2021). "Efeitos da vitamina E nas doenças neurodegenerativas: Uma atualização". Ata Neurobiologiae Experimentalis **81**.

Illum, L. (2004). "O transporte de drogas do nariz para o cérebro no homem é uma realidade?" Journal of pharmacy and pharmacology **56**(1): 3-17.

Ismail, A. F. e S. M. El-Sonbaty (2016). "A fermentação aumenta o papel protetor do Ginkgo biloba na expressão de genes neuroinflamatórios induzidos por radiação gama e hormônios do estresse no cérebro de ratos". Jornal de Fotoquímica e Fotobiologia B: Biologia **158**: 154-163.

Jardim, M. J. (2011). "microRNAs: implicações para a investigação da poluição atmosférica". Mutation ResearchZMecanismos Fundamentais e Moleculares da Mutagénese **717**(1-2): 38-45.

Kamel, F. e J. A. Hoppin (2004). "Associação da exposição a pesticidas com disfunção neurológica e doença". Environmental health perspectives **112**(9): 950-958.

Karbalaei, S., P. Hanachi, T. R. Walker e M. Cole (2018). "Ocorrência, fontes, impactos na saúde humana e mitigação da poluição por microplásticos". Ciência ambiental e pesquisa de poluição **25**: 36046-36063.

Karri, V. e V. Kumar (2020). "Uma abordagem de toxicologia de sistemas para comparar o impacto das misturas de metais pesados (Pb, As, MeHg) em doenças neurodegenerativas." Food and Chemical Toxicology **139**: 111257.

Kaszynska, A. A. (2024). "Canabinóides: Potencial de modulação e aprimoramento quando combinado com vitamina B12 no caso de distúrbios neurodegenerativos." Pharmaceuticals **17**(6): 813.

Kim, H., D. Lee e K. Kim (2021). "A exposição combinada a metais na água potável altera o sistema de dopamina no estriado do rato." Jornal Internacional de Pesquisa Ambiental e Saúde Pública **18** (12): 6558.

Kim, J.-H. e J.-C. Kang (2016). "Expressão do gene do estresse oxidativo, neurotoxicidade e metalotioneína (MT) em peixes juvenis de rocha Sebastes schlegelii sob os diferentes níveis de exposição ao cromo na dieta (Cr6 +)." Ecotoxicologia e segurança ambiental **125**: 78-84.

Kook, S., K. Lee, Y. Kim, M. Cha, S. Kang, S. Baik, H. Lee, R. Park e I. Mook-Jung (2014). "A suplementação com altas doses de vitamina C reduz a carga da placa amiloide e melhora as alterações patológicas no cérebro de camundongos 5XFAD." Morte celular e doença **5** (2): e1083-e1083.

Kumar, R. R., L. Singh, A. Thakur, S. Singh e B. Kumar (2022). "Papel das vitaminas nas doenças neurodegenerativas: uma revisão." CNS & Neurological Disorders-Drug Targets (Anteriormente Current Drug Targets-CNS & Neurological Disorders) **21** (9): 766-773.

Kwon, W., D. Kim, H.-Y. Kim, S. W. Jeong, S.-G. Lee, H.-C. Kim, Y.-J. Lee, M. K. Kwon, J.-S. Hwang e J. E. Han (2022). "A fagocitose microglial de microplásticos de poliestireno resulta em alteração imunológica e apoptose in vitro e in vivo." Science of The Total Environment **807**: 150817.

Lau, A., Y. Zheng, S. Tao, H. Wang, S. A. Whitman, E. White e D. D. Zhang (2013). "O arsênico inibe o fluxo autofágico, ativando a via Nrf2-Keap1 de uma maneira dependente de p62." Biologia molecular e celular **33** (12): 2436-2446.

Li, C., X. Chen, Z. Du, X. Geng, M. Li, X. Yang, C. Bo, Q. Jia, G. Yu e L. Shi (2024). "Inibindo a ferroptose em células endoteliais microvasculares cerebrais: Uma estratégia potencial para mitigar a disfunção da barreira hematoencefálica induzida por nanoplásticos de poliestireno". Environmental Research **250**: 118506.

Li, J., F. Cao, H.-l. Yin, Z.-j. Huang, Z.-t. Lin, N. Mao, B. Sun e G. Wang (2020). "Ferroptose: passado, presente e futuro". Morte celular e doença **11** (2): 88.

Li, Y., X.-f Du, C.-s. Liu, Z.-l. Wen e J.-l. Du (2012). "Regulação recíproca entre a dinâmica microglial em repouso e a atividade neuronal in vivo". Célula de desenvolvimento **23** (6): 1189-1202.

London, L., A. J. Flisher, C. Wesseling, D. Mergler e H. Kromhout (2005). "Suicídio e exposição a insecticidas organofosforados: causa ou efeito?" Jornal americano de medicina industrial **47**(4): 308-321.

Lotti, M. e A. Moretto (2006). "Os carbamatos causam polineuropatia?" Muscle & Nerve: Jornal Oficial da Associação Americana de Medicina Electrodiagnóstica **34**(4): 499-502.

Luchsinger, J. A., M.-X. Tang, S. Shea e R. Mayeux (2003). "Ingestão de vitaminas antioxidantes e risco de doença de Alzheimer". Archives of neurology **60**(2): 203-208.

Ma, Y., D. Xu, Z. Wan, Z. Wei, Z. Chen, Y. Wang, X. Han e Y. Chen (2024). "A exposição a diferentes nanopartículas de poliestireno modificadas na superfície causou ansiedade, depressão e défice social em ratos através de danos nas mitocôndrias dos neurónios". Science of The Total Environment **919**: 170739.

Marcos, L. e G. Javier (2021). "Cognição e ácidos graxos ômega-3 - uma revisão narrativa da literatura." Jornal Biomédico de Pesquisa Científica e Técnica **40**(4): 32493-32499.

Marples, B., B. Wouters e M. Joiner (2003). "Uma associação entre a paragem induzida por radiação das células em fase G2 e a hiper-radiosensibilidade a baixas doses: um mecanismo subjacente plausível?" Radiation research **160**(1): 38-45.

Mayer, E. A., K. Nance e S. Chen (2022). "O eixo intestino-cérebro". Revisão anual da medicina **73** (1): 439-453.

McNamara, R. K. e S. E. Carlson (2006). "Role of omega-3 fatty acids in brain development and function: potential implications for the pathogenesis and prevention of psychopathology." Prostaglandins, Leukotrienes and Essential Fatty Acids **75**(4-5): 329-349.

Moretto, A., M. Tiramani e C. Colosio (2011). "Efeitos neurotoxicológicos a longo prazo das anticolinesterases após exposição aguda ou crónica". Pesticidas Anticolinesterásicos: Metabolism, Neurotoxicity, and Epidemiology: 97-108.

Moses, M., E. S. Johnson, W. K. Anger, V. W. Burse, S. W. Horstman, R. J. Jackson, R. G. Lewis, K. T. Maddy, R. McConnell e W. J. Meggs (1993). "Equidade ambiental e exposição a pesticidas". Toxicologia e saúde industrial **9**(5): 913-959.

Moulton, P. V. e W. Yang (2012). "Poluição do ar, stress oxidativo e doença de Alzheimer". Jornal de saúde ambiental e pública **2012**(1): 472751.

Nagaraja, T. e T. Desiraju (1993). "Regional alterations in the levels of brain biogenic amines, glutamate, GABA, and GAD activity due to chronic consumption of inorganic arsenic in developing and adult rats." Boletim de contaminação ambiental e toxicologia **50**(1): 100107.

Nakamura, T., K. Setsu, T. Takahashi, M. Miyashita, N. Sugiyama, S. Washizuka, S. Murata, T. Hanihara e N. Amano (2016). "Exposição crônica ao monóxido de carbono em dois pacientes idosos usando um kotatsu, um aquecedor tradicional à base de carvão vegetal japonês". Psychogeriatrics **16**(5): 323-326.

Nemmar, A., P. H. Hoet, B. Vanquickenborne, D. Dinsdale, M. Thomeer, M. F. Hoylaerts, H. Vanbilloen, L. Mortelmans e B. Nemery (2002). "Passagem de partículas inaladas para a circulação sanguínea em humanos". Circulation **105**(4): 411-414.

Nogueira-de-Almeida, C. A., I. J. Zotarelli-Filho, M. E. Nogueirade-Almeida, C. G. Souza, V. L. Kemp e W. S. Ramos (2023). "Neuronutrientes e sistema nervoso central: uma revisão sistemática". Agentes do Sistema Nervoso Central em Química Medicinal (Anteriormente Química Medicinal Atual - Agentes do Sistema Nervoso Central) **23** (1): 1-12.

Ohiomokhare, S., F. Olaolorun, A. Ladagu, F. Olopade, M.-J. R. Howes, E. Okello, J. Olopade e P. L. Chazot (2020). "A interação fisiopatológica entre vanádio e ferro nos modelos da doença de Parkinson". Revista internacional de ciências moleculares **21** (18): 6719.

Olefsky, J. M. e C. K. Glass (2010). "Macrófagos, inflamação e resistência à insulina". Revisão anual de fisiologia **72**(1): 219-246.

Otsuka, K., T. Koana, H. Tauchi e K. Sakai (2006). "Ativação de enzimas antioxidantes induzidas por irradiação γ de corpo inteiro de baixa taxa de dose: resposta adaptativa em termos de dano inicial ao DNA." Radiation research **166**(3): 474-478.

Parrón, T., M. Requena, A. F. Hernández e R. Alarcón (2011). "Associação entre a exposição ambiental a pesticidas e doenças neurodegenerativas". Toxicologia e farmacologia aplicada **256**(3): 379-385.

Pehlivan, F. E. (2017). "Vitamina C: Um agente antioxidante". Vitamina C **2**: 23-35.

Piao, Y.-S., T.-H. Lian, Y. Hu, L.-J. Zuo, P. Guo, S.-Y. Yu, L. Liu, Z. Jin, H. Zhao e L.-X. Li (2017). "Síndrome das pernas inquietas na doença de Parkinson: caraterísticas clínicas, metabolismo anormal do ferro e neurotransmissores alterados". Relatórios científicos **7**(1): 10547.

Popa-Wagner, A., D. I. Dumitrascu, B. Capitanescu, E. B. Petcu, R. Surugiu, W.-H. Fang e D.-A. Dumbrava (2020). "Hábitos alimentares, fatores de estilo de vida e doenças neurodegenerativas". Pesquisa de regeneração neural **15** (3): 394-400.

Poulsen, P., K. Ohm Kyvik, A. Vaag e H. Beck-Nielsen (1999). "Hereditariedade da diabetes mellitus tipo II (não dependente de insulina) e tolerância anormal à glicose - um estudo de gémeos de base populacional." Diabetologia **42**: 139-145.

Prüst, M., J. Meijer e R. H. Westerink (2020). "O cérebro de plástico: neurotoxicidade de micro e nanoplásticos". Toxicologia de partículas e fibras **17**: 1-16.

Rasheed, M., J. Liang, C. Wang, Y. Deng e Z. Chen (2021). "Regulação epigenética da neuroinflamação na doença de Parkinson." Jornal Internacional de Ciências Moleculares **22** (9): 4956.

Ricard, D., C. Soussain, A. Béhin e D. Chi (2010). Complicações Neurológicas da Radioterapia. Livros azuis de Neurologia, Elsevier. **36:** 372-410.

Rios, R., S. Zarazúa, M. Santoyo, J. Sepúlveda-Saavedra, V. Romero-Díaz, V. Jiménez, F. Pérez-Severiano, G. Vidal-Cantú, J. Delgado e M. Jiménez-Capdeville (2009). "Diminuição dos marcadores de óxido nítrico e alterações morfológicas no cérebro de ratos expostos ao arsénico". Toxicology **261**(1-2): 68-75.

Rose, J. J., L. Wang, Q. Xu, C. F. McTiernan, S. Shiva, J. Tejero e M. T. Gladwin (2017). "Envenenamento por monóxido de carbono: patogênese, gerenciamento e direções futuras da terapia". Revista americana de medicina respiratória e de cuidados intensivos **195** (5): 596-606.

Rosenberg, G. A. (2012). "Doenças neurológicas em relação à barreira hematoencefálica". Journal of Cerebral Blood Flow & Metabolism **32**(7): 1139-1151.

Saeed, Y., B. Xie, J. Xu, H. Wang, M. Hassan, R. Wang, M. Hong, Q. Hong e Y. Deng (2014). "Os efeitos indiretos da radiação induzem apoptose e neuroinflamação em células neuronais SH-SY5Y." Pesquisa neuroquímica **39**: 2334-2342.

Schnegg, C. I., M. Kooshki, F.-C. Hsu, G. Sui e ME Robbins (2012). "PPARδ previne respostas pró-inflamatórias induzidas por radiação na microglia via transrepressão de NF-κB e inibição da via PKCa / MEK1 / 2 / ERK1 / 2 / AP-1." Free Radical Biology and Medicine **52**(9): 1734-1743.

Segal, M. B. (2000). "Os plexos coróides e as barreiras entre o sangue e o fluido cerebrospinal". Cellular and molecular neurobiology **20**: 183-196.

Shan, S., Y. Zhang, H. Zhao, T. Zeng e X. Zhao (2022). "Os nanoplásticos de poliestireno penetram através da barreira hematoencefálica e induzem a ativação da microglia no cérebro de ratos". Chemosphere **298**: 134261.

Singh, A. P., R. K. Goel e T. Kaur (2011). "Mecanismos relativos à toxicidade do arsénico". Toxicologia internacional **18**(2): 87.

Slotkin, T. A., D. Lobner e F. J. Seidler (2010). "Perfis transcricionais para transportadores de glutamato revelam diferenças entre organofosforados, mas semelhanças com neurotóxicos não relacionados". Boletim de investigação do cérebro **83**(1-2): 76-83.

Smith, A. D. e H. Refsum (2016). "Homocisteína, vitaminas B e comprometimento cognitivo". Revisão anual de nutrição **36** (1): 211-239.

Sofic, E., P. Riederer, H. Heinsen, H. Beckmann, G. Reynolds, G. Hebenstreit e M. Youdim (1988). "Aumento do teor de ferro (III) e ferro total na substantia nigra post mortem do cérebro parkinsoniano". Journal of neural transmission **74**: 199-205.

Solleiro-Villavicencio, H., E. Hernández-Orozco e S. Rivas-Arancibia (2021). "Efeito da exposição a baixas doses de ozônio na expressão de interleucina 17A durante a neurodegeneração progressiva no hipocampo de ratos." Neurología (Edição em Inglês) **36**(9): 673-680.

Sperling, R. A., P. S. Aisen, L. A. Beckett, D. A. Bennett, S. Craft, A. M. Fagan, T. Iwatsubo, C. R. Jack Jr, J. Kaye e T. J. Montine (2011). "Para definir as fases pré-clínicas da doença de Alzheimer: Recomendações dos grupos de trabalho do National Institute on Aging-Alzheimer's Association sobre as diretrizes de diagnóstico da doença de Alzheimer". Alzheimer & dementia **7**(3): 280-292.

Srivastava, P., Y. K. Dhuriya, R. Gupta, R. K. Shukla, R. S. Yadav, H. N. Dwivedi, A. B. Pant e V. K. Khanna (2018). "Efeito protetor da curcumina modulando BDNF / DARPP32 / CREB em alterações induzidas por arsênico na sinalização dopaminérgica no corpo estriado de ratos." Neurobiologia molecular **55**: 445-461.

Su, K.-P., Y. Matsuoka e C.-U. Pae (2015). "Ácidos graxos poliinsaturados ômega-3 na prevenção de transtornos de humor e ansiedade". Psicofarmacologia Clínica e Neurociência **13**(2): 129.

Suresh, S., A. Singh S, R. Rushendran, C. Vellapandian e B. Prajapati (2023). "Doença de Alzheimer: o papel dos factores extrínsecos no seu desenvolvimento, uma investigação do enigma ambiental. "Frontiers in Neurology **14**: 1303111.

Tamagno, E., M. Guglielmotto, V. Vasciaveo e M. Tabaton (2021). "Estresse oxidativo e beta amiloide na doença de Alzheimer. O que vem primeiro: a galinha ou o ovo?" Antioxidantes **10**(9): 1479.

Temlett, J., J. Landsberg, F. Watt e G. Orime (1994). "Aumento do ferro na substância negra compacta do macaco verde africano hemiparkinsoniano com lesão por MPTP: evidências da microanálise elementar da microssonda de prótons". Journal of neurochemistry **62**(1): 134-146.

Thomas, G. E., A. Zarkali, M. Ryten, K. Shmueli, A. L. Gil-Martinez, L.-A. Leyland, P. McColgan, J. Acosta-Cabronero, A. J. Lees e R. S. Weil (2021). "O ferro cerebral regional e a expressão gênica fornecem informações sobre a neurodegeneração na doença de Parkinson." Cérebro **144** (6): 17871798.

Todorovic, A., S. Pejic, V. Stojiljkovic, L. Gavrilovic, N. Popovic, I. Pavlovic, Z. S. Saicic e S.

B. Pajovic (2015). "Enzimas antioxidantes em indicadores cerebrais de ratos irradiados de diferentes radiosensibilidades regionais". Sistema Nervoso da Criança **31**: 2249-2256.

Tong, Y. (2014). "Convulsões causadas por deficiência de piridoxina (vitamina B6) em adultos: Um relato de caso e revisão da literatura". Intractable & Rare Diseases Research **3**(2): 52-56.

Torres-Ruiz, M., M. de Alba González, M. Morales, R. Martin-Folgar, M. C. González, A. I. Cañas-Portilla e A. De la Vieja (2023). "Neurotoxicidade e desregulação endócrina causada por nanopartículas de poliestireno em embriões de peixe-zebra". Science of The Total Environment **874**: 162406.

Trestrail, C., D. Nugegoda e J. Shimeta (2020). "Respostas de invertebrados à ingestão de microplásticos: Revendo o papel do sistema antioxidante". Ciência do ambiente total **734**: 138559.

Tufekci, K. U., S. Genc e K. Genc (2011). "O modelo de neuroinflamação induzido por endotoxina da doença de Parkinson". Doença de Parkinson **2011**(1): 487450.

Valavanidis, A., K. Fiotakis e T. Vlachogianni (2008). "Airborne particulate matter and human health: toxicological assessment and importance of size and composition of particles for oxidative damage and carcinogenic mechanisms. " Journal of Environmental Science and Health, Parte C **26**(4): 339-362.

Vellingiri, B., A. Suriyanarayanan, P. Selvaraj, K. S. Abraham, M. Y. Pasha, H. Winster, A. V. Gopalakrishnan, G. Singaravelu, J. K. Reddy e N. Ayyadurai (2022). "Papel dos metais pesados (cobre (Cu), arsénio (As), cádmio (Cd), ferro (Fe) e lítio (Li)) na neurotoxicidade induzida". Chemosphere **301**: 134625.

Vermeer, S. E., W. T. Longstreth e P. J. Koudstaal (2007). "Infartos cerebrais silenciosos: uma revisão sistemática". The Lancet Neurology **6**(7): 611-619.

Wang, B., K. Tanaka, B. Ji, M. Ono, Y. Fang, Y. Ninomiya, K. Maruyama, N. Izumi-Nakajima, N. Begum e M. Higuchi (2014). "A irradiação X de 100 mGy do corpo total não induz patogênese semelhante à doença de Alzheimer ou comprometimento da memória em camundongos". Jornal de pesquisa de radiação **55** (1): 84-96.

Wang, H., G. Chen, E. H. Ahn, Y. Xia, S. S. Kang, X. Liu, C. Liu, M.-H. Han, S. Chen e K. Ye (2023). "C/EBPβ/AEP é ativado de forma dependente da idade na doença de Parkinson e medeia a α-sinucleína no intestino e no cérebro." npj Parkinson's Disease **9** (1): 1.

Wang, S., Q. Han, Z. Wei, Y. Wang, J. Xie e M. Chen (2022). "Os microplásticos de poliestireno afetam a aprendizagem e a memória em ratos, induzindo o estresse oxidativo e diminuindo o nível de acetilcolina." Food and Chemical Toxicology **162**: 112904.

Warrington, J. P., N. Ashpole, A. Csiszar, Y. W. Lee, Z. Ungvari e W. E. Sonntag (2013). "Comprometimento cognitivo vascular induzido por radiação cerebral total: mecanismos e implicações". Jornal de pesquisa vascular **50** (6): 445-457.

Winter, S. F. e J. Dietrich (2024). "Complicações neurológicas da radiação". Oxford Textbook of Neurohaematology: 143.

Yadav, R. S., R. K. Shukla, M. L. Sankhwar, D. K. Patel, R. W. Ansari, A. B. Pant, F. Islam e V. K. Khanna (2010). "Efeito neuroprotector da curcumina na neurotoxicidade induzida pelo arsénico em ratos". Neurotoxicologia **31**(5): 533-539.

Yamaoka, K., R. Edamatsu, T. Itoh e M. Akitane (1994). "Efeitos da irradiação de raios X de baixa dose na biomembrana no córtex cerebral de ratos idosos". Free Radical Biology and Medicine **16**(4): 529-534.

Yang, Q., H. Dai, Y. Cheng, B. Wang, J. Xu, Y. Zhang, Y. Chen, F. Xu, Q. Ma e F. Lin (2023). "A alimentação oral de nanoplásticos afeta a função cerebral de camundongos ao induzir o sinal de IL-1 de macrófagos no intestino". Relatórios de células **42** (4).

Yang, Z., Y. Chen, Y. Zhang, R. Li e C. Dong (2017). "O papel do desequilíbrio pró- / anti-inflamação no acúmulo de Aβ42 do cérebro de ratos co-exposto a partículas finas e dióxido de enxofre." Mecanismos e Métodos de Toxicologia **27** (8): 568-574.

Zandi, P. P., J. C. Anthony, A. S. Khachaturian, S. V. Stone, D. Gustafson, J. T. Tschanz, M. C. Norton, K. A. Welsh-Bohmer, J. C. Breitner e C. C. S. Group (2004). "Risco reduzido de doença de Alzheimer em usuários de suplementos vitamínicos antioxidantes: o estudo do condado de Cache." Archives of neurology **61**(1): 82-88.

Zhao, Q., L. Zhu, J. Weng, Z. Jin, Y. Cao, H. Jiang e Z. Zhang (2023). "Deteção e caraterização de microplásticos no testículo e sêmen humanos". Science of The Total Environment **877**: 162713.

Zheng, Y., S. Xu, J. Liu e Z. Liu (2024). "Os efeitos do micro e nanoplástico no sistema nervoso central: A New Threat to Humanity?". Toxicologia: 153799.

Zingg, J.-M. e M. Meydani (2019). "Interação entre vitamina E e ácidos graxos poliinsaturados". Vitamina E na saúde humana: 141-159.

MIX
Papier aus verantwortungsvollen Quellen
Paper from responsible sources
FSC® C105338

Printed by Books on Demand GmbH, Norderstedt / Germany